PRAXIS KOMPAKT

Duden

Verhandeln mit dem Arbeitgeber

Von Barbara Kettl-Römer
in Zusammenarbeit
mit der Dudenredaktion

Dudenverlag
Mannheim · Leipzig · Wien · Zürich

Die **Duden-Sprachberatung** beantwortet Ihre Fragen
zu Rechtschreibung, Zeichensetzung, Grammatik u. Ä.
montags bis freitags zwischen 08:00 und 18:00 Uhr.
Aus Deutschland: 09001 870098 (1,86 € pro Minute aus dem Festnetz)
Aus Österreich: 0900 844144 (1,80 € pro Minute aus dem Festnetz)
Aus der Schweiz: 0900 383360 (3,13 CHF pro Minute aus dem Festnetz)
Die Tarife für Anrufe aus den Mobilfunknetzen können davon abweichen.
Unter www.duden-suche.de können Sie mit einem Online-Abo
auch per Internet in ausgewählten Dudenwerken nachschlagen.
Den kostenlosen Newsletter der Duden-Sprachberatung können Sie
unter www.duden.de/newsletter abonnieren.

Bibliografische Information der Deutschen Nationalbibliothek
Die Deutsche Nationalbibliothek verzeichnet diese Publikation in der
Deutschen Nationalbibliografie; detaillierte bibliografische Daten
sind im Internet über http://dnb.ddb.de abrufbar.

Autorin und Redaktion haben die Inhalte dieses Werkes mit größter Sorgfalt zusammen-
gestellt. Für dennoch wider Erwarten auftretende Fehler übernimmt der Verlag keine
Haftung. Dasselbe gilt für spätere Änderungen in Gesetzgebung oder Rechtsprechung.
Das Werk ersetzt nicht die professionelle Beratung und Hilfe in konkreten Fällen.

Redaktionelle Leitung: Dr. Hildegard Hogen
Herstellung: Monika Schoch

Typografie: Horst Bachmann
Umschlaggestaltung: Jürgen Sauerhöfer
Satz: Bibliographisches Institut AG
Druck und Bindung: Neografia, a. s., Slowakei
Printed in Slovakia

ISBN 978-3-411-74171-7
www.duden.de

Inhalt

Um erfolgreich verhandeln zu können, müssen Sie
1) die richtige Einstellung als Verhandlungspartner mitbringen,
2) sich gründlich vorbereiten,
3) eine Strategie entwickeln,
4) Taktiken zielsicher einsetzen,
5) die Situation und die Persönlichkeit Ihres Chefs berücksichtigen sowie
6) souverän im Gespräch auftreten.

■ Verhandeln mit dem Arbeitgeber – geht das überhaupt?

»Was soll ich als kleine Angestellte denn mit meinem Arbeitgeber verhandeln? Das geht doch schon wegen der ungleichen Machtverhältnisse gar nicht«, so lautete die spontane Reaktion von Anna L. auf die Frage, worüber sie mit ihrem Arbeitgeber verhandelt habe. Viele Arbeitnehmerinnen und Arbeitnehmer sind heutzutage froh, überhaupt eine Stelle zu haben. Es ist verständlich, wenn sie sich nicht an Verhandlungen mit ihrem Arbeitgeber heranwagen. Klug ist es nicht unbedingt.

Arbeitnehmer und Arbeitgeber sind Partner

Im Grunde ist der Begriff »Arbeitgeber« irreführend. Tatsächlich sind es ja schließlich die »Arbeitnehmer«, die ihre Arbeitsleistung einem anderen zur Verfügung stellen. Sie geben ihre Arbeit. Dafür bekommen sie Geld vom »Arbeitgeber«.

Ein Arbeitsvertrag ist im Kern ein simples Tauschgeschäft: Arbeit gegen Geld.

Ein Arbeitsvertrag kommt nicht zustande, weil Arbeitgeber großmütig und mildtätig etwas Gutes tun, Arbeitsplätze schaffen und Menschen ein Einkommen verschaffen wollen. Vielmehr wollen sie in und mit ihrem Unternehmen Wert erzeugen und selbst Geld verdienen. Dazu brauchen sie die Arbeitskraft und die spezifischen Fähigkeiten, Kenntnisse, Erfahrungen und Fertigkeiten anderer Menschen. Diese Leistungen kaufen sie auf dem Arbeitsmarkt ein. Die Details dieses »Einkaufs« handeln sie während der Einstellungsgespräche aus und während des Vertragsverhältnisses wird weiter über Nachjustierungen verhandelt.

Was bedeutet »verhandeln«?

Verhandlungen sind etwas Alltägliches.

Verhandeln heißt: Zwei oder mehr Personen diskutieren miteinander, um ein Problem zu lösen oder sich bei strittigen Themen zu einigen. Wir alle verhandeln täglich mit den verschiedensten Partnern über die unterschiedlichsten Dinge: Mit unserem Lebenspartner darüber, wer abspült und den Müll hinausbringt, mit dem Kind, wie lange es fernsehen darf, mit dem Nachbarn, wer wann wo Schnee räumt, und mit dem Möbelverkäufer über die Höhe des Rabattes, den er auf den Listenpreis gibt.

Der Arbeitsmarkt – ein Markt wie jeder andere

Anbieter und Nachfrager von Gütern haben prinzipiell gegensätzliche Interessen. Sie müssen also immer verhandeln, um diese unter einen Hut zu bringen. Das ist auf dem Arbeitsmarkt nicht anders als auf anderen Märkten auch. Zunächst geht es vor allem ums Geld: Der Anbieter der Arbeitskraft möchte möglichst viel Geld für seine Leistung herausholen, der Käufer der Arbeitskraft möchte möglichst wenig bezahlen, aber natürlich trotzdem gute Leistungen dafür erhalten.

Von anderen Märkten unterscheidet sich der Arbeitsmarkt vor allem deshalb, weil der Arbeitsplatz für Arbeitnehmer und Arbeitnehmerinnen eine existenzielle Bedeutung hat: Die eigene Arbeitsleistung ist normalerweise die wichtigste Einkommensquelle, die sie haben. Daran hängen ihr Lebensunterhalt, ihr Lebensstandard, ihr Status in der Gesellschaft und ein guter Teil ihres Selbstverständnisses. Das ist der Grund, warum Verhandlungen mit dem Arbeitgeber den meisten Menschen ein solches Unbehagen bereiten: Es hängt so vieles davon ab ...

Es geht nicht um Sieg oder Niederlage

Wenn zwei Parteien miteinander verhandeln, ist die Versuchung für jede Seite groß, Maximalforderungen aufzustellen und durchdrücken zu wollen. »Gewonnen« hat am

Erfolgreich verhandeln

Ende diejenige Seite, die ihre Forderungen weitgehend hat durchsetzen können, auch wenn dies auf Kosten der anderen Seite ging. Je nach Machtverteilung gibt es manchmal solche »Sieger« bei Verhandlungen. So müssen Arbeitnehmer mitunter Jobs annehmen beziehungsweise in Arbeitsverhältnissen ausharren, die sie langweilen, unter- oder überfordern, deren Arbeitsbedingungen sie unzumutbar finden und die schlecht bezahlt sind.

Aus Verhandlungs-siegern können mittelfristig Verlierer werden.

Aber was hat der Arbeitgeber mit einem solchen »Sieg« gewonnen? Einen unmotivierten, unzufriedenen Arbeitnehmer, der seinen Arbeitsvertrag kündigt, sobald er etwas Besseres gefunden hat. Wo liegt da der Gewinn? Umgekehrt kann etwa eine Spezialistin, die erkennt, dass ihr Wissen für das Unternehmen unentbehrlich ist, die Bedingungen ihres Arbeitsvertrags diktieren und darin alle möglichen Vorteile für sich festschreiben. Damit zeigt sie aber, dass ihr weder am Unternehmen noch an der Aufgabe wirklich etwas liegt. Sie setzt einen Anreiz für den Arbeitgeber, sich nach anderen Experten umzusehen, andere Mitarbeiter zu qualifizieren oder sich durch Umstellungsmaßnahmen von ihrem Spezialistenwissen unabhängig zu machen.

Eine gute Verhandlung kennt am Ende nur Gewinner.

Ein echter Verhandlungserfolg sieht anders aus: Erfolgreich sind Verhandlungen dann, wenn die Interessen beider Seiten berücksichtigt wurden und alle Beteiligten mit dem Ergebnis zufrieden sind. Bei einer guten Verhandlung werden Sie nicht alle Ihre Ziele erreichen und nicht alles erhalten, was Sie wollen. Sie werden aber das durchsetzen, was Ihnen wirklich wichtig ist, und dazu die Gewissheit bekommen, dass Ihr Arbeitgeber mit dieser Lösung ebenfalls zufrieden ist und weiterhin eine Zusammenarbeit mit Ihnen wünscht.

Wovon hängt der Verhandlungsspielraum ab?

Arbeitnehmer sind keine Bittsteller.

Wenn es völlig ungleiche Machtstrukturen gibt, wird nicht verhandelt: Ein König sucht nicht gemeinsam mit einem Bettler nach einer Lösung für dessen Existenzproblem. Bestenfalls gibt er ihm ein Almosen und verfestigt damit die Ungleichstellung. Manchmal fühlen sich Arbeitnehmer gegenüber ihrem Arbeitgeber genau so: wie Bittsteller, die nichts verlangen, sondern höchstens auf Gnade hoffen können. Manche Arbeitgeber tragen gern dazu bei, dieses Unterlegenheitsgefühl ihrer Arbeitnehmer zu fördern. Realistisch ist es aber nicht. Realistisch ist es, einen Arbeitsvertrag als Geschäft auf Gegenseitigkeit zu sehen.

Fünf Faktoren sind entscheidend

Aussage eines Unternehmers: »Ich mache vieles, wenn ich einen guten Mitarbeiter unbedingt halten will.«

Natürlich haben nicht alle Arbeitnehmer gleich gute Verhandlungschancen. Welchen Erfolg ein Arbeitnehmer im Einzelnen erzielen kann, hängt von mehreren Faktoren ab:

- Wie ist die allgemeine Wirtschaftslage? In Zeiten niedrigen Wirtschaftswachstums und hoher Arbeitslosigkeit ist die Verteilungs- und damit die Verhandlungsmasse generell geringer.
- Wie sieht die konkrete Situation des Arbeitgebers aus? Auch in wirtschaftlich allgemein schlechten Phasen gibt es einzelne Unternehmen, denen es gut geht und bei denen deswegen mehr Verteilungsspielraum besteht.
- Wie hoch und begehrt ist die Qualifikation des Arbeitnehmers? Wer eine Arbeit ausübt, die nach zwei Stunden Einarbeitungszeit auch jeder andere ausüben könnte, hat schlechtere Verhandlungschancen als jemand, der sich in einer mehrjährigen Ausbildung oder einem Studium eine aktuell gefragte Qualifikation angeeignet hat.
- Wie wertvoll ist der Beitrag, den der Arbeitnehmer für das Unternehmen leistet? Wer Werte schafft und seinem Unternehmen hilft, Geld zu verdienen, wird als Verhandlungspartner ernst genommen – vorausgesetzt, er sorgt dafür, dass sein Beitrag zum Unternehmenserfolg an höherer Stelle auch zur Kenntnis genommen wird.
- Wie ist es um die »weichen« Faktoren bestellt? Natürlich beteuern die meisten Chefs , ausschließlich nach harten Fakten zu entscheiden. In Wirklichkeit aber hat jemand, der selbstbewusst, pünktlich, zuverlässig und engagiert bei der Arbeit erscheint und zudem loyal und angenehm im Umgang ist, bei gleicher fachlicher Kompe-

tenz bessere Verhandlungschancen als Kollegen, die oft schlecht gelaunt, unmotiviert oder unzuverlässig sind.

Ihr Chef ist nicht Ihr Freund – aber auch nicht Ihr Feind
Einige Arbeitnehmer warten darauf, dass ihre Vorgesetzten ihnen von sich aus mehr Gehalt oder eine andere Belohnung für ihre gute Leistung anbieten. Manchmal klappt das sogar. Aber darauf sollten Sie sich nicht verlassen. Ihr Chef ist nicht Ihr Freund. Wenn die Chemie zwischen Ihnen stimmt, ist das angenehm für den täglichen Umgang. Wahrscheinlich erleichtert es auch die Verhandlung. Aber es macht sie nicht überflüssig. Auch bei einem sehr sympathischen Arbeitgeber müssen Sie aktiv werden, wenn Sie etwas erreichen wollen, auch bei einer besonders netten Chefin müssen Sie argumentieren und verhandeln. Eine Erfolgsgarantie ist die persönliche Sympathie jedenfalls nicht.

Umgekehrt sind Chefs auch keine Feinde, die es zu bekämpfen gilt. Eine Fehde gegen einen Vorgesetzten ist ohnehin nicht zu gewinnen. Dennoch sollten Sie auch bei einem Chef, den Sie persönlich nur wenig schätzen, nicht auf Verhandlungen verzichten. Allerdings müssen Sie diese noch sorgfältiger vorbereiten, sollten Ihre Argumente noch souveräner vortragen – und dürfen sich Ihre Antipathie möglichst nicht anmerken lassen.

Eine Führungskraft und ihre Mitarbeiter verbindet eine Geschäftsbeziehung: Ein Arbeitnehmer oder eine Arbeitnehmerin kann so lange mit guten Erfolgsaussichten verhandeln, wie der Vorgesetzte ihn oder sie für nützlich und wichtig hält.

Das heißt aber auch: Es kann Situationen geben, in denen tatsächlich keinerlei Spielraum besteht, über die gesetzlich oder tarifvertraglich zustehenden Regelungen hinaus Ansprüche anzumelden. Nämlich dann, wenn Ihr Chef Sie für entbehrlich hält. Spätestens dann wird es Zeit, an Ihren Qualifikationen, Ihrem Beitrag zum Unternehmenserfolg und an Ihrem Auftreten zu arbeiten – oder sich einen anderen Arbeitsplatz zu suchen.

Zitat eines Bereichsleiters mit 320 Mitarbeitern: »Wenn mir jemand nutzt, mag ich ihn. Wenn nicht, dann nicht. Solange mir jemand Nutzen bringt, bin ich auch bereit, ihm etwas zu geben.«

Gute Arbeitnehmer können mit ihrem Arbeitgeber erfolgreich verhandeln. »Gut« ist, wer seinem Arbeitgeber nutzt. Voraussetzung für eine erfolgreiche Verhandlung ist es daher, den eigenen Nutzen für das Unternehmen sowie die Wahrnehmung dieses Nutzens durch den Arbeitgeber realistisch einzuschätzen und diesen Wert in die Verhandlung einzubringen.

■ Gründliche Vorbereitung ist erforderlich

Schon im privaten Umfeld verlaufen Verhandlungen besser, wenn beide Seiten sich darauf vorbereiten.

Beispiel: Taschengeldverhandlung
Ein Kind kommt mit der Forderung nach Hause, es müsse mehr Taschengeld bekommen, weil alle anderen Kinder in seiner Klasse mehr bekämen als es selbst. Die Eltern sind verunsichert. Trotzdem erhöhen sie deswegen nicht gleich die auszuzahlende Summe.
Vielmehr informieren sie sich, fragen nach, wer genau denn wie viel bekommt, studieren die Taschengeldempfehlungen der Jugendämter und diskutieren dann mit ihrem Kind, ob und in welchem Rahmen eine Erhöhung ihrer Meinung nach angemessen ist.

Auch bei Gesprächen mit Lieferanten sammeln die Einkäufer zuerst Marktdaten, Produktunterlagen, Preise und Konditionen und werten sie aus, bevor die eigentliche Verhandlung beginnt. Das ist für alle Beteiligten ganz selbstverständlich. Auch vor dem Bewerbungsgespräch sollten die Vorbereitungen mindestens ebenso intensiv sein: Arbeitnehmer sind gut beraten, sich umfassend über das Unternehmen, seine Organisationsstruktur, seine Angebotspalette, über die ausgeschriebene Stelle, das Anforderungsprofil, die Entwicklungsaussichten usw. zu informieren.
Warum nur gehen dann so viele Arbeitnehmerinnen und Arbeitnehmer schlecht oder gar nicht vorbereitet in Verhandlungen mit ihrem Arbeitgeber? Denn genau das berichten viele Unternehmer und Führungskräfte.

Erfolgreich verhandeln

Aussage einer Abteilungsleiterin (30 Mitarbeiter): »Die meisten Arbeitnehmer sind meiner Erfahrung nach schlecht vorbereitet. Sie kommen mit einer Erwartung, aber ohne Argumente.«

Zitat eines Bereichsleiters (120 Mitarbeiter): »Viele Mitarbeiter haben eine Beamtenmentalität und glauben, wenn sie lange genug dabei sind, stünden ihnen von selbst eine Beförderung und mehr Geld zu.«

Wie aber sieht die gute Vorbereitung auf eine Verhandlung mit dem Arbeitgeber genau aus? Sie besteht aus vier Schritten:

1. Schritt: sich die Notwendigkeit bewusst machen

Viele Arbeitnehmer und Arbeitnehmerinnen betrachten die hierarchisch direkt übergeordnete Person offenbar nicht als Verhandlungspartner. Ihnen scheint nicht bewusst zu sein, dass ihre berufliche Weiterentwicklung, ihr Gehalt und die meisten Arbeitsbedingungen von den direkten Vorgesetzten (mit)bestimmt werden und dass diese deshalb nicht nur Menschen mit einer bestimmten hierarchischen Funktion, sondern auch die wichtigsten Verhandlungspartner im beruflichen Umfeld sind.

In den guten alten Wirtschaftswunderzeiten gab es für viele Arbeitnehmer tatsächlich einen Automatismus, der ihnen in regelmäßigen Abständen bessere Arbeitsbedingungen und Gehaltserhöhungen bescherte. Heute gilt das nur noch für tarifgebundene Mitarbeiter, für die die Kollektivpartner eine prozentuale Erhöhung des Salärs oder eine Einmalzahlung aushandeln.

Für nicht tarifgebundene Mitarbeiter und auch für viele nicht tariflich geregelte Inhalte gilt aber: Wer nicht aktiv wird, bekommt auch nichts. Wenn Sie etwas haben möchten, müssen Sie es sagen und überzeugende Argumente dafür präsentieren. Wenn es etwas gibt, das Ihnen an Ihren Arbeitsinhalten, an den Abläufen, an Ihrer Entlohnung oder Ihren Perspektiven nicht gefällt und das Sie ändern möchten, müssen Sie es ansprechen und darüber verhandeln. Nur dann haben Sie eine Chance auf eine gezielte Veränderung in die Richtung, die Sie anstreben.

2. Schritt: die eigenen Ziele klar definieren

Es klingt zunächst banal, ist aber oft gar nicht so einfach: Im nächsten Schritt müssen Sie sich überlegen, was genau Sie eigentlich mit Ihren Verhandlungen erreichen wollen. Wenn Ihnen Ihre eigenen Ziele nicht klar vor Augen stehen, können Sie sie nicht klar formulieren und damit auch nicht erreichen.

Ziele konkretisieren

Verhandlungen mit dem Arbeitgeber scheitern immer wieder an unklaren Zielen: Viele Arbeitnehmerinnen und Arbeitnehmer wünschen sich »mehr Geld«, »endlich eine Aufstiegschance« oder »persönliche und fachliche Weiterentwicklung«. Das sind aber vage Wünsche und keine umsetzbaren Ziele. Ein echtes Ziel ist eine inhaltlich exakt umrissene Vorgabe mit einer konkreten Terminvorstellung. Nur wenn

- der Veränderungsinhalt,
- sein gewünschtes Ausmaß und
- der Zeitrahmen, in dem die Veränderung umgesetzt werden soll,

bekannt sind, haben Sie ein klares Ziel. Nur dann können Sie konkrete Forderungen in Ihre nächste Verhandlung mit dem Arbeitgeber einbringen. Und nur dann lässt sich im Nachhinein überhaupt feststellen, ob und inwieweit Sie Ihr Ziel erreicht haben – oder auch nicht.

Zitat eines Abteilungsleiters (14 Mitarbeiter): »Neulich kam einer meiner Leute zu mir und wollte mehr Geld. Da habe ich gesagt: ›Gut, ab sofort bekommst du 10 Euro mehr im Monat.‹ Er war so perplex, dass er das tatsächlich akzeptiert hat.«

Wie aus Wünschen Ziele werden – Beispiele	
Der Wunsch »Ich möchte	**... lässt sich so als Ziel konkretisieren:**
... mehr Geld haben.«	»Ich möchte mein Jahreseinkommen ab dem nächsten Kalenderjahr um netto 1 000 Euro verbessern.«
... eine Aufstiegschance haben.«	»Ich möchte noch dieses Jahr die Leitung eines Projektteams übernehmen, und zwar am liebsten im Bereich XY.«
... meine Fähigkeiten weiterentwickeln.«	»Ich möchte vor meiner nächsten wichtigen Präsentation beim Kunden lernen, sicherer aufzutreten und rhetorisch geschickt und überzeugend zu präsentieren.«
... klarere Kompetenzen haben.«	»Ich möchte ab sofort genau wissen, über welche Anschaffungen ich bis zu welcher Summe selbst entscheiden kann und soll und in welchen Fällen ich Rücksprache mit meinem Chef halten muss.«
... weniger arbeiten.«	»Ich möchte meine Arbeitszeit ab März auf 32 Stunden pro Woche verringern, und zwar am liebsten so, dass ich eine 4-Tage-Woche habe.«

Oft werden Sie in einer Verhandlung mehr als nur ein Ziel verfolgen. Am besten ist es, Sie formulieren alle Ihre Ziele im Vorfeld aus und schreiben Sie auf. Anschließend bilden Sie eine Rangfolge: Welches Ziel ist für Sie am wichtigsten? Welches ist am wenigsten wichtig? Denn es gilt: Eine konkrete Zielformulierung ist zwar eine notwendige Bedingung – eine Garantie für den Verhandlungserfolg ist sie nicht.

Langfristig denken

In den Beispielen oben sind nur kurzfristig angestrebte Ziele aufgeführt, weil sie es normalerweise sind, die Sie in einer Verhandlung durchsetzen können. Grundsätzlich aber sollten Sie langfristiger denken:

■ Wie stellen Sie sich Ihre weitere berufliche Entwicklung vor?

■ Was möchten Sie in zwei Jahren in Ihrem Beruf erreicht haben, was in fünf und was in zehn Jahren?

■ Möchten Sie in diesem Unternehmen bleiben?

■ Gefällt Ihnen Ihre Stelle? Möchten Sie sie behalten? Oder sehen Sie in ihr nur eine Etappe auf Ihrem Weg durch das Unternehmen beziehungsweise die Karriereleiter hinauf?

■ Welchen Stellenwert hat Ihre Arbeit für Sie? Ist sie ein bedeutsamer und positiver Teil Ihres Lebens oder eher ein lästiges Übel, dessen konkrete Ausgestaltung weniger bedeutend ist?

■ Worauf kommt es Ihnen am meisten an? Ist Ihnen ein vergleichsweise sicherer Arbeitsplatz, eine Karriere und ein Statusgewinn oder ein möglichst hoher Verdienst wichtig?

Nur wenn Sie wissen, was für Sie wirklich bedeutsam ist und was Sie langfristig wollen, können Sie Ihre Strategie entwickeln. Dann haben Sie Ziele, aus denen Sie Etappen und entsprechende Zwischenziele erarbeiten können. Diese bringen Sie in die jeweils nächste Verhandlung ein.

Beispiele für Zwischenziele
Sie möchten in den nächsten fünf Jahren eine Abteilungsleitung übernehmen. Dann überlegen Sie, welche Teilschritte Sie zu diesem Ziel führen könnten. Das könnten etwa sein:
– sich freiwillig für schwierige Aufgaben melden
– sich um eine Projektleitung bewerben
– Führungsseminare belegen
– in das interne Förderprogramm für Nachwuchsführungskräfte aufgenommen werden
Schon haben Sie Zwischenziele gebildet, die Sie inhaltlich und zeitlich konkretisieren und in einzelnen Verhandlungen als Forderungen einbringen können.

3. Schritt: Informationen sammeln und aufbereiten
Wenn Sie wissen, was Sie wollen, können Sie überlegen, welche Schritte am besten zum Ziel führen.

Informationen sammeln

Eine gute Recherche ist die Basis für eine überzeugende Argumentation.

Zunächst gilt es, alle Informationen und Ideen zu sammeln, die das Verhandlungsergebnis beeinflussen könnten. Beantworten Sie beispielsweise folgende Fragen:

- Lassen sich Ihre Ziele in Etappen zerlegen? Was müssen Sie zuerst umsetzen, damit sich das nächste Zwischenziel ansteuern lässt? Möchten Sie sich beispielsweise in eine Führungsposition entwickeln, brauchen Sie Gelegenheiten, um Ihre Führungsfähigkeiten zu beweisen, und wenigstens ein Führungstraining oder -seminar.
- Führen verschiedene Wege zu den angestrebten Zielen? Wenn dies so ist, wie sehen sie jeweils aus? Ein höheres Nettogehalt etwa können Sie durch eine Bruttolohnerhöhung, durch eine Prämie oder durch steuerfreie Extras erreichen.
- Gibt es Präzedenzfälle im Unternehmen, auf die Sie verweisen können? Welche Kollegen haben ähnliche Ziele auf welchem Wege erreicht?
- Mit welchen Argumenten könnten Sie Ihre Chefin überzeugen?
- Welche Daten und Fakten brauchen Sie für Ihre Argumentation? Je nach Ziel können das etwa die Durch-

schnittsgehälter in der Branche oder Studien zur größeren Produktivität von Teilzeitkräften sein.

- Wo finden sich solche Daten und Fakten?
- Wie hat Ihr Chef bisher auf ähnliche Anliegen reagiert?
- Wie ist die Rechtslage? Existieren für Ihren Wunsch rechtliche Grundlagen? Wenn Sie beispielsweise über Fragen der Arbeitszeit oder Überstundenbelastung verhandeln wollen, sollten Sie sich über die Regelungen des Arbeitszeitgesetzes informieren.
- Brauchen Sie Verbündete im Unternehmen, um Ihre Ziele umzusetzen? Wer könnte das sein? Warum sollten Ihnen diese Menschen helfen? Geht es Ihnen beispielsweise um eine grundlegende Änderung der Arbeitsorganisation, sollten Sie den Betriebsrat einbeziehen.

Je nach der Art Ihrer Ziele, Ihres Unternehmens, je nach dem, was in Ihrem Unternehmen und in der Branche üblich ist, werden sowohl die Fragen, die Sie sich stellen müssen, als auch die Antworten darauf unterschiedlich ausfallen.

Informationen aufbereiten

Manchmal ist es klug, einige wichtige Informationen auf einem Arbeitspapier zusammenzustellen. Das gilt etwa für die Zwischenziele oder bestimmte Daten, welche die Argumentation stützen, Dieses Arbeitspapier sollten Sie in zweifacher Ausfertigung in die Verhandlung mitnehmen. Ein Exemplar behalten Sie, das zweite bekommt Ihr Vorgesetzter. Damit zeigen Sie nicht nur, dass Sie sich gut vorbereitet haben, sondern untermauern auch Ihre Argumentation und erleichtern es Ihrem Gegenüber, dieser zu folgen.

Manche Arbeitnehmerinnen und Arbeitnehmer bereiten sogar eigens eine PowerPoint-Präsentation vor, wenn sie ihrem Chef ihre Ziele erläutern. Das kann sehr erfolgreich sein, wenn die Präsentation gut gemacht und der Tragweite der Verhandlungen angemessen ist. Die Übernahme eines wichtigen Projekts und die eigenen Vorstellungen

Die Visualisierung von Informationen kann auch in der Verhandlung mit dem Arbeitgeber nützlich sein.

vom weiteren Projektverlauf beispielsweise lassen sich auf diese Weise eindrucksvoll darstellen. Andererseits kann ein solches Vorgehen aber auch unangemessen und wichtigtuerisch wirken. Bei einer reinen Gehaltsverhandlung etwa lassen Sie den Laptop lieber draußen.

4. Schritt: einen Termin vereinbaren

In vielen Unternehmen gibt es Jahresgespräche. Die Vorgesetzten führen sie meist im ersten oder im letzten Quartal eines Jahres mit den Mitarbeitern. Diese Besprechungen bilden einen perfekten Rahmen für viele Verhandlungen. Das Gute daran ist, dass die Termine für diese Gespräche immer in demselben Zeitraum liegen und sie zudem frühzeitig bekannt gegeben werden. Es ist also genügend Zeit, um sich rechtzeitig und umfassend darauf vorzubereiten.

Häufig laufen diese Gespräche in einem stark formalisierten und standardisierten Prozess ab. Das verringert zwar die Gestaltungsmöglichkeiten der Beteiligten, aber dafür ist klar, welche Punkte in welcher Reihenfolge zur Sprache kommen werden, beispielsweise:

- Welche Ziele wurden im abgelaufenen Jahr erreicht?
- Welche Zielvereinbarung gilt für das neue Jahr?
- Welcher Weiterbildungsbedarf besteht, um diese Ziele auch erreichen zu können?

Der vorgegebene Ablauf erleichtert die solide Vorbereitung.

Trotzdem lassen sich nicht immer alle Verhandlungsanlässe im Jahresgespräch abhaken, insbesondere dann nicht, wenn Sie Verhandlungsbedarf sehen, der über die Standardinhalte dieser Gespräche hinausgeht. Dann vereinbaren Sie einen zusätzlichen Termin mit Ihrem Chef. Wichtig ist, dass es sich um einen ausdrücklich vereinbarten und im Terminkalender eingetragenen Termin handeln muss. Nur dann ist sichergestellt, dass der Vorgesetzte auch ausreichend Zeit und Aufmerksamkeit für das Gespräch mitbringt. Wer seinen Chef in dessen Büro »überfällt«, wenn er gerade einen wichtigen Kundentermin vor-

Aussage einer Unternehmerin (16 Mitarbeiter): »Ich sage meinen Leuten immer: ›Ihr könnt über alles mit mir reden – aber nicht vor meiner ersten Tasse Kaffee und nicht, wenn ich gerade auf dem Sprung bin.‹«

bereitet, oder seine Chefin auf dem Gang anspricht, während sie zu einem Meeting eilt, dringt auch mit den klarsten Zielen und den besten Argumenten nicht zu ihnen durch.

Mit dem Chef im Gespräch bleiben

Jahresgespräche und gesondert vereinbarte Verhandlungstermine sollten aber nicht die einzigen Anlässe sein, zu denen Sie mit Ihrem Vorgesetzten über Ihre Wünsche, Ziele und Pläne sprechen. Es ist strategisch klug, schon lange im Voraus den Boden für die Verhandlungen zu bereiten.

Wenn die Forderung nach einem anderen Arbeitsschwerpunkt, einer Weiterentwicklungsmaßnahme oder einer Führungsposition den Arbeitgeber ohne Vorankündigung überrascht, besteht die Gefahr, dass dieser allein deshalb ablehnend reagiert, weil er irritiert ist. Oft ergibt sich im Arbeitsalltag ganz nebenbei die Gelegenheit, anzudeuten, was Ihnen gefällt oder missfällt, an welchen Aufgaben Sie interessiert sind und welche Zukunftsvorstellungen Sie haben. Wenn Sie dann um einen Gesprächstermin bitten, ahnt Ihr Vorgesetzter wenigstens, was kommt, und kann sich geistig darauf einstellen.

Checkliste »Vorbereitung«

Verhandlungen mit dem Arbeitgeber müssen genauso gut vorbereitet werden wie jede andere berufliche Verhandlung auch. Dazu sollten Sie
- ☐ sich über Ihre Ziele klar werden,
- ☐ diese konkretisieren und aufschreiben,
- ☐ alle Informationen sammeln, die Ihnen für die Verhandlung nützlich sein könnten,
- ☐ diese Daten gegebenenfalls so aufbereiten, dass Sie sie in der Verhandlung als Handout verwenden können, und
- ☐ einen geeigneten Termin vereinbaren.

■ Eine Strategie entwickeln

An Kindern kann man gut beobachten, wie sich Verhandlungsstrategien im Laufe der Zeit verfeinern. Am Anfang argumentieren sie gar nicht, sondern fordern nur lautstark: »Ich will aber!«. Später kommen dann erste Verweise auf die Gepflogenheiten, die anderswo gelten, verbunden mit moralischen Appellen: »Alle anderen Kinder dürfen länger aufbleiben als ich, das ist ungerecht!« Erst im Teenageralter werden die Methoden und Argumentationen raffinierter: »Mit dem neuen Computer könnte ich auch viel bessere Lernprogramme nutzen und viel gründlicher für meine Referate recherchieren!«
Bei Verhandlungen mit dem Arbeitgeber aber fallen erstaunlicherweise viele Arbeitnehmer in ein frühkindliches Verhandlungsschema zurück.

> **Beispiel: So besser nicht!**
> Peter H. berichtet von seiner ersten Gehaltsverhandlung, zwei Jahre nachdem er seine ersten Arbeitsstelle als junger Ingenieur angetreten hatte:
> »Ich habe gesagt, dass ich nun schon zwei Jahre da bin und deswegen finde, dass eine Gehaltserhöhung angemessen sei – und zwar um mindestens 250 Euro monatlich, denn schließlich kommt netto bei einem Alleinstehenden sonst kaum etwas heraus.«
> Am Ende erhielt er 30 Euro mehr, war entsprechend unzufrieden und fühlte sich ungerecht behandelt. Erst einige Zeit später dämmerte ihm, dass er wohl zu naiv an diese Verhandlung herangegangen war.

Strategie muss sein

»Die Strategie ist eine Ökonomie der Kräfte.«
Carl Philipp Gottfried von Clausewitz, preußischer General

Der Begriff »Strategie« stammt aus dem Griechischen und bedeutet so viel wie »Feldherrnkunst«. Strategie betraf also ursprünglich nur den militärischen Bereich, das Wirtschaftsleben benutzte ihn erst viel später.
Eine Strategie ist ein genau geplantes Vorgehen, um bestimmte Ziele zu erreichen. Sie ist grundsätzlich langfristig angelegt und in einen größeren Zusammenhang einge-

Erfolgreich verhandeln

bunden. Außerdem ist ein gewisser Überblick über die Gesamtsituation nötig, ohne den sich keine durchdachte Vorgehensweise zur Zielerreichung entwickeln lässt.

Im Unterschied dazu ist Taktik das geschickte Ausnutzen einer bestimmten Situation im Sinne der eigenen Ziele. Eine Taktik zielt also auf einen kurzfristigen Vorteil ab, die Strategie auf einen langfristigen. Manchmal ist es sinnvoll, taktische Verluste hinzunehmen, um die eigene Strategie voranzutreiben. Das ist natürlich wiederum eine sehr militärische Betrachtungsweise. Im Wirtschaftsleben sind, wie bereits erwähnt, diejenigen Verhandlungen die besten, bei denen es keine Verlierer, sondern nur Gewinner gibt.

Damit Sie solche Verhandlungen führen können, müssen Sie sich aber entsprechend vorbereiten und eine strategische Vorgehensweise entwickeln.

Aussage eines Bereichsleiters mit 320 Mitarbeitern: »Die meisten Mitarbeiter, die etwas von mir wollen, denken nur: ›Was kann ich jetzt sofort bekommen?‹ Sie betrachten die Dinge nicht langfristig.«

Die Perspektive wechseln

Das Beispiel von Peter H. hat gezeigt: Um ein Gespräch zu bitten und wie ein Kind »Ich will aber!« zu sagen, ist im beruflichen Umfeld keine geeignete Verhandlungsstrategie. Vielleicht wird ein Arbeitgeber über eine derart vorgetragene Forderung lächeln. Nachgeben wird er ihr nur in den seltensten Fällen. Warum sollte er das auch tun? Genau diese Frage sollten Sie sich unbedingt stellen, bevor Sie in eine Verhandlung gehen:

- Warum sollte Ihr Arbeitgeber Ihrer Forderung nachkommen?
- Was hat er davon?
- Worin liegt der Nutzen für ihn?

Entscheidend für jeglichen Verhandlungserfolg ist nämlich, sich in die Lage des Verhandlungspartners versetzen und die ganze Angelegenheit von seiner Warte aus betrachten zu können. Nur dann können Sie jene Argumente finden, die ihn überzeugen werden.

Aus der Sicht der Arbeitgebers ist klar: Arbeitnehmerinnen und Arbeitnehmer sind in erster Linie ein Kostenfaktor. Sie kosten Geld, Verwaltungsaufwand und Führungsenergie. Was auch immer Sie von Ihrem Arbeitgeber haben möchten, eine Gehaltserhöhung, eine Fortbildungsmaßnahme oder ein anderes Arbeitszeitmodell, zunächst verursachen Sie damit noch mehr Geld, Aufwand und Energie.

So betrachtet ist es nur verständlich, dass Führungskräfte irgendwelchen Zusatzwünschen ihrer Mitarbeiter erst einmal ablehnend gegenüberstehen.

Das heißt für Sie: Sie müssen Gründe finden und darlegen können, warum sich diese zusätzlichen Kosten trotzdem lohnen, warum sie aus Sicht Ihres Arbeitgebers keine Geldverschwendung, sondern ganz im Gegenteil eine rentable Investition sind.

Aussage eines Bereichsleiters (120 Mitarbeiter): »Arbeitsverhältnisse sind nutzenbasiert. Ich habe meine eigene Position nur, solange ich dem Unternehmen nutze. Dasselbe gilt für meine Mitarbeiter.«

Durch Argumente überzeugen

Ihre Erfolgschancen sind am größten, wenn Sie Ihrem Chef oder Ihrer Chefin verdeutlichen können, dass Sie noch produktiver und effizienter arbeiten, weniger Fehler machen sowie mehr Umsatz bringen werden als bisher, wenn Sie das Gewünschte bekommen. Sie müssen plausibel erklären können, dass und warum Sie dann noch nützlicher für Ihren Vorgesetzten und für das ganze Unternehmen sein werden. Es muss deutlich werden, dass der Nutzen für die Arbeitgeberseite dann am größten ist, wenn Sie erhalten, was Sie möchten.

Aussage desselben Bereichsleiters: »Wichtig ist auch der persönliche Nutzen, den ich von meinen Mitarbeitern bekommen kann. Also alles, was mir hilft, vor meinem Chef gut dazustehen.«

Argumente sammeln

Zunächst sollten Sie zur Strategieentwicklung alle Argumente sammeln, die aus Sicht Ihres Chefs oder Ihrer Chefin dafür sprechen, Ihnen Ihre Wünsche zu erfüllen. Je mehr solcher Argumente Sie finden und belegen können, desto besser.

Erfolgreich verhandeln

Überzeugende Argumente	
Arbeitnehmerziel	**Chefnutzen**
Gehaltserhöhung	■ höhere Motivation und Zufriedenheit des Mitarbeiters
	■ dadurch weiterhin gute oder noch bessere Leistungen
	■ erhöhte Loyalität, geringerer Anreiz, zur Konkurrenz zu wechseln
	■ Ansporn für weitere zukünftige Leistungssteigerungen
	■ Möglichkeit, dem Mitarbeiter im Gegenzug zusätzliche Aufgaben zu übertragen
Führungsverantwortung	■ Entlastung von eigenen Führungsaufgaben
	■ bessere Delegationsmöglichkeit
	■ klare Verantwortlichkeit
	■ vor dem eigenen Chef mit gutem »Nachwuchs« glänzen
	■ Verstärkung der eigenen Hausmacht
Arbeitszeitverkürzung	■ geringere Lohnkosten
	■ höhere Produktivität in der kürzeren Arbeitszeit
	■ Bindung eines guten Mitarbeiters
	■ Imagewirkung als familienfreundlicher Arbeitgeber

Einstellungen des Chefs berücksichtigen

Führungskräfte sind auch Menschen. Sie haben bestimmte Einstellungen, Erfahrungen, Vorlieben und Vorurteile. Führen Sie sich also beim Aufbau Ihrer Verhandlungsstrategie beispielsweise vor Augen:

- Was ist Ihrem Chef oder Ihrer Chefin wichtig?
- In welchen Fragen können Sie mit Interesse und Entgegenkommen rechnen?
- Welche Themen sind dagegen brisant? Welche sollten Sie im Gespräch besser nicht erwähnen?
- Hat Ihr Chef oder Ihre Chefin mit bestimmten Forderungen schon einmal schlechte Erfahrungen gemacht?

Beispiel: Vorteile benennen
Sie möchten an einem Rhetoriktraining teilnehmen. Wenn Sie wissen, dass Ihr Chef von »weichen Themen« nicht viel hält, sondern eher ein Zahlenmensch ist, bringen Sie besser »harte« Argumente: Sie könnten beispielsweise mit professioneller Rhetorik

- die Zahl der Verkaufsabschlüsse erhöhen,
- Meetings kürzer und effizienter durchführen und dadurch Zeit sparen sowie
- die eine oder andere interne Präsentation übernehmen, die sonst keiner machen will.

In diesem Zusammenhang sollten Sie auch überlegen, welche Einstellung Ihr Vorgesetzter zu Ihnen hat. Dabei geht es nicht unbedingt um die Frage, ob er Sie persönlich sympathisch findet (obwohl auch das natürlich eine Rolle spielt), sondern eher darum, als wie nützlich er Sie bisher betrachtet. Überlegen Sie etwa:

Zitat einer Abteilungs-
leiterin (30 Mitarbei-
ter): »Ich bin immer
wieder erstaunt, wie
sehr das Bild, das die
Mitarbeiter von sich
und von ihrer Leistung
haben, von dem
abweicht, das ich von
ihnen habe.«

Den eigenen Wert
realistisch beurteilen

- Hat sich Ihr Chef oder Ihre Chefin in letzter Zeit lobend über Sie geäußert?
- Oder gab es mehr oder weniger deutliche Kritik?
- Haben Sie jüngst besondere Leistungen vollbracht, die Ihre Position gestärkt haben?
- Haben Sie Ihre Zielvorgaben erreicht oder übertroffen?
- Kam es häufiger zu Problemen, zu Konflikten im Team oder gar einem Zusammenstoß mit dem Chef? Mussten Sie womöglich eine Rüge von Kunden hinnehmen?

Versuchen Sie, den Wert, den Sie für Ihre Führungskraft haben, möglichst realistisch einzuschätzen. Das ist gar nicht so einfach, weil Menschen hier zu Extremen neigen: Entweder sie glauben, der oder die Vorgesetzte sei schwierig und könne einen überhaupt nicht leiden, oder sie finden, er oder sie könne von Glück sagen, solch einen tüchtigen Mitarbeiter zu haben.

Betrachten Sie sich selbst einmal kritisch und vergleichen Sie sich mit den Kollegen im Team. Versuchen Sie, sich an alles zu erinnern, was Ihre Führungskraft in den letzten Monaten zu Ihnen über Ihre Arbeit gesagt hat. Sind Sie in ihren Augen wertvoll? Können Sie plausibel begründen, warum Ihre Forderung Ihrem Wert entspricht beziehungsweise ihn weiter steigert? Dann haben Sie gute Chancen, Ihre Verhandlungsziele weitgehend zu erreichen.

Lösungsvorschläge unterbreiten

Sie kennen nun Ihren Wert und haben gute Argumente für Ihre Wünsche. Trotzdem wird die Verhandlung nicht einfach werden, denn Ihr Chef oder Ihre Chefin hat ebenfalls Gründe, Ihnen Ihre Forderung zu verweigern.

Bereiten Sie sich auf Gegenargumente vor!

Typische Einwände sind beispielsweise:

- »Das haben wir noch nie so gemacht.«
- »Das lässt sich organisatorisch nicht umsetzen.«
- »Damit schaffe ich einen Präzedenzfall, das möchte ich nicht.«
- »Das kann ich vor meinem Chef nicht rechtfertigen.«
- »Das können wir uns bei dieser Auftragslage nicht leisten.«
- »Das ist viel zu teuer.«
- »Das verstößt gegen unsere X-Regeln und passt nicht zu unserem Y-Schema.«

Sie sollten deswegen bei der Entwicklung Ihrer Verhandlungsstrategie alle möglichen Einwände und Gegenargumente sammeln, die Ihr Arbeitgeber vorbringen könnte. Überlegen Sie sich, wie Sie diese entkräften beziehungsweise abschwächen können.

Viele Einwände, die Ihre Führungskraft vorbringen wird, beruhen auf einer gewissen Bequemlichkeit. Das ist durchaus verständlich, wenn Sie die Sache aus der Perspektive Ihres Gegenübers betrachten: Wie schon erwähnt, verursacht das, was Sie wollen, zumindest bei kurzfristiger Betrachtung tatsächlich Aufwand und Kosten.

Geschickte Strategen treten deswegen nicht nur mit Forderungen und Argumenten in Verhandlungen ein, sondern bereits mit Vorschlägen, wie sich das Gewünschte vergleichsweise problemlos umsetzen lässt.

> »Ein guter Manager sollte nie zulassen, dass seine Mitarbeiter mit Problemen zu ihm kommen – er sollte darauf bestehen, dass sie fertige Lösungen mitbringen!«
> Cyril Northcote Parkinson, britischer Historiker

Beispiel für Lösungsvorschläge

Peter H. war inzwischen sieben Jahre bei seinem Unternehmen angestellt und arbeitete nun als Vertriebsingenieur. Er besuchte Kunden, beantwortete Anfragen, erstellte Kalkulationen, schrieb Angebote und bearbeitete Reklamationen.

Nach einer Umstrukturierung übernahm er zusätzlich das europaweite Key-Account-Management für zwei wichtige Kunden. Bald stellte er ebenso wie seine beiden Kollegen in ähnlicher Position fest, dass er die Arbeitslast nicht mehr bewältigen konnte. Diesmal hatte er sich auf die Verhandlung mit seinem (neuen) Chef gut vorbereitet:
»Aufgrund der Reisetätigkeit, die mit den Key-Account-Kunden verbunden ist, hatte ich weniger Bürozeit und konnte deswegen die hereinkommenden Anfragen nicht mehr bearbeiten. Ich brauchte hier mehr Unterstützung durch den Innendienst. Ich wünschte mir, dass mich die Kollegen von diesen administrativen Aufgaben mehr entlasten, dann würde ich die übrigen Aufgaben gut bewältigen können.
Diese Argumente unterbreitete ich meinem Vorgesetzten. Wie erwartet, entgegnete mir mein Chef, dass das nicht gehe, weil die Kollegen im Innendienst deswegen nicht das erforderliche Wissen hätten. Eine Neueinstellung käme aus Kostengründen sowieso nicht infrage.
Darauf präsentierte ich den Vorschlag, den ich mit meinen beiden Kollegen erarbeitet hatte: Ein älterer Kollege aus dem Außendienst hatte kürzlich einen Herzinfarkt erlitten und sollte beruflich kürzer treten. Er hatte die Erfahrung und das Wissen, um die Anfragen zu bearbeiten und um zu entscheiden, worum wir uns selbst kümmern müssten. Ihn zu entlassen, wäre ohnehin teuer und unsozial gewesen.
Am Ende stimmte mein Chef zu, unseren Vorschlag zu überprüfen. Und es funktionierte.«

Vor allem wenn Sie sich etwas wünschen, das über die Standardforderung nach mehr Geld hinausgeht, sollten Sie für jede Forderung eine Lösung präsentieren und auf die Einwände Ihres Arbeitgebers antworten können.

Auf Einwände mit konkreten Vorschlägen reagieren

- »Ich weiß natürlich, dass wir das noch nie so gemacht haben. Aber ich habe mir überlegt, wie es funktionieren könnte ...«
- »Ich sehe, dass das nicht ganz einfach ist, aber ich stelle es mir so vor: ...«
- »Konkret habe ich mir das so gedacht: ...«
- »Mein Vorschlag dazu ist: Wir machen erstens ..., zweitens ..., drittens ...«
- »Ich habe eine kleine Präsentation vorbereitet, um Ihnen meine Idee darzulegen.«

Eine Strategie ist eine langfristige angelegte Vorgehensweise, mit der ein bestimmtes Ziel erreicht werden soll. Um eine erfolgreiche Strategie für Verhandlungen mit dem Arbeitgeber zu entwickeln, sollten Sie die Situation aus seiner Perspektive betrachten, nutzenorientiert argumentieren und konkrete Vorschläge machen, wie sich Ihre Forderungen möglichst problemlos umsetzen lassen.

■ Taktiken dosiert einsetzen

Bis das Ziel tatsächlich erreicht ist, wird es auch bei einer gut durchdachten Verhandlungsstrategie Stolpersteine und Engpässe geben. Manchmal werden Sie nur in sehr kleinen Schritten oder über Umwege vorankommen. Wie klein oder groß die Hindernisse sind, hängt stark davon ab, wie Sie sich selbst in der Verhandlung verhalten und wie (un)geschickt Sie die taktischen Möglichkeiten nutzen, die sich Ihnen dabei kurzfristig bieten.

Verhandlungsmasse schaffen

Abstriche vom Idealziel machen

Es ist keine Schande und auch kein Misserfolg, die eigenen Ziele nicht vollständig durchsetzen zu können. Im Gegenteil, das ist der Normalfall. Es gilt also: Fordern lässt sich vieles, bekommen jedoch werden Sie weniger.

> **Beispiel: Verhandlungen zwischen den Tarifpartnern**
> Nachgebenmüssen lässt sich sehr gut an den regelmäßigen Ritualen in Tarifauseinandersetzungen beobachten: Die Arbeitnehmerseite verlangt eine Lohnsteigerung von acht Prozent, woraufhin das Arbeitgeberlager zwei Prozent bietet. Nach einigen Wochen des Feilschens einigen sich beide Parteien auf vier Prozent. Das war wahrscheinlich die Zahl, die beide Seiten von vornherein als Verhandlungsergebnis erhofft hatten. Trotzdem wäre es aus Sicht der Gewerkschaften ein Fehler gewesen, von Anfang an nur vier Prozent zu fordern, wenn sie vier Prozent haben wollen. Um ihr Ziel dann zu erreichen, hätten sie starr auf ihren Forderungen beharren und damit das Scheitern der Verhandlungen provozieren müssen – weil sie keine Verhandlungsmasse gehabt hätten.

Kluge Arbeitnehmer machen es wie die Gewerkschaften: Sie gehen mit einem Idealziel und einer Maximalforderung in die Verhandlung. Letztere legen sie als Erstes auf den Tisch. Es besteht immerhin die (winzige) Möglichkeit, dass der Arbeitgeber sie tatsächlich akzeptiert. Dann wäre die Verhandlung ein voller Erfolg aus Arbeitnehmersicht. Sehr viel wahrscheinlicher ist es aber, dass Sie im Laufe der Verhandlungen Abstriche von Ihrem Idealziel machen müssen.

Sie sollten deswegen vor jeder Verhandlung auch ein Minimalziel festlegen, sich also überlegen, was Sie unbedingt tatsächlich erreichen wollen und müssen, um Ihrem strategischen Ziel näher zu kommen.

Alles, was zwischen Ihrem Maximal- und Ihrem Minimalziel liegt, ist Ihre Verhandlungsmasse, die Sie im Laufe des Gesprächs einbringen beziehungsweise opfern können. Solange Sie Ihr Minimalziel erreichen, sind Sie erfolgreich. Wenn Sie mehr durchsetzen können, haben Sie allen Grund zur Freude.

Immer flexibel bleiben

Es wäre eine verfehlte Strategie, stur an einem Ziel festzuhalten, wenn Sie im Laufe der Verhandlung erkennen, dass Sie es beim besten Willen nicht durchsetzen können. Genauso verfehlt wäre es aber, bei unerwartet großem Widerstand aufzugeben und mit leeren Händen, aber einem Herzen voller Groll aus dem Gespräch zu gehen. Selbst eine Verhandlung, in der Sie keines Ihrer Ziele wie gewünscht erreichen, kann Sie Ihrem langfristigen Ziel ein gutes Stück näherbringen. Oder sie kann Ihnen alternative Wege zur Zielerreichung aufzeigen, an die Sie vorher gar nicht gedacht haben.

Versuchen Sie, geistig beweglich in die Verhandlung zu gehen und die Chancen, die sich dort bieten, schnell zu nutzen. Reagieren Sie flexibel auf unerwartete Probleme und Einwände. Wenn das eine Ziel nicht zu erreichen ist, dann vielleicht ein anderes. Wenn Sie eine Forderung nicht sofort durchsetzen können, lässt sich vielleicht eine verbindliche Zusage für einen späteren Zeitraum aushandeln.

Wenn Sie in dieser Verhandlung nicht wirklich weiterkommen, dann können Sie mit ihr wenigstens den Boden für das nächste Gespräch bereiten. Wenn Sie auf dem geplanten Weg nicht zu Ihrem Ziel kommen, dann vielleicht über einen Umweg.

Die Machtverhältnisse berücksichtigen

Es wäre naiv, sich als völlig gleichrangigen Verhandlungspartner für den Arbeitgeber zu betrachten. Natürlich gibt es hier ein Machtgefälle. Der Chef sitzt grundsätzlich erst einmal am längeren Hebel. Er kann Sie entlassen, Sie ihn nicht. Das weiß er genauso gut wie Sie.

Das heißt aber nicht, dass Sie überhaupt keine Verhandlungsmacht besäßen. Ihr Arbeitgeber kann nur erfolgreich sein, wenn Sie und Ihre Kollegen ihm dabei helfen. Das weiß er auch. Ein fähiger, fleißiger und engagierter Mitarbeiter ist für jeden Chef ein wertvoller Aktivposten, auf den er ungern verzichten möchte. Er ist »Humankapital« im positiven Sinne.

Manche Themengebiete beherrschen nur wenige Spezialisten. Wenn Sie ein solcher Spezialist sind, haben Ihre Wünsche automatisch Gewicht. Aber selbst wenn Sie »nur« etwas machen, das andere auch können, gilt: Wirklich gute und tüchtige Mitarbeiter sind immer knapp und immer begehrt.

Es ist für den Arbeitgeber oft billiger und einfacher, auf die Forderungen vorhandener (guter) Mitarbeiter einzugehen, als diese Mitarbeiter zu entlassen und durch vermeintlich anspruchslosere Kräfte zu ersetzen. Als guter Mitarbeiter haben Sie deshalb ebenfalls eine gute Verhandlungsposition.

Selbst wenn Ihr Arbeitgeber Sie für verzichtbar hält und Ihnen kündigt, heißt das nicht, dass Sie nicht mehr verhandeln können. Schließlich gibt es rechtliche Vorschriften, auf die Sie sich in diesem Fall berufen können. Die meisten Unternehmen achten auch darauf, welches Bild sie in der Öffentlichkeit abgeben. Das gibt Ihnen in dieser kritischen Situation eine gewisse Verhandlungsmacht.

Der Chef sitzt am längeren Hebel.

»Ein Chef ist einer, der die anderen unendlich nötig hat.«
Antoine de Saint-Exupéry

Selbstbewusst, aber
nicht selbstherrlich

Sie können also auf jeden Fall selbstbewusst in die Verhandlung gehen. Nur übertreiben sollten Sie es nicht: Selbstherrliches oder gar aggressives Auftreten kann sich ein Chef vielleicht leisten – ein Arbeitnehmer nicht.

Unfaire Taktiken erkennen und damit umgehen

Führungskräfte lernen in Seminaren und Trainings, wie sie Mitarbeiter führen sollen und auch, wie sie geschickt verhandeln. Die meisten Vorgesetzten sind gute Verhandler, sonst hätten sie den Aufstieg innerhalb der Hierarchie nicht geschafft. Da in den letzten Jahren das Klima im Geschäftsleben deutlich rauer geworden ist, kommen heutzutage vermehrt Verhandlungstaktiken und -tricks zum Einsatz, die keineswegs partnerschaftlich sind.

Aussage eines Bereichsleiters (320 Mitarbeiter): »Wenn man regelmäßig miteinander redet und eine Vertrauensbasis hat, braucht man keine manipulative Verhandlungstaktik.«

Es gibt viele unfaire Taktiken und Tricks, die darauf abzielen, den Verhandlungspartner, der dann eher ein Verhandlungsgegner zu sein scheint, zu verunsichern, einzuschüchtern und zu manipulieren. Manche Chefs wenden solche Taktiken sogar im Umgang mit ihren eigenen Mitarbeitern an.

Unfaire Taktiken durchschauen

Im Grunde ist es nicht schwer, unfaire Verhandlungstaktiken zu erkennen: Unfair wird es nämlich immer dann, wenn sich die Verhandlungspartner im Gespräch nicht mehr auf Augenhöhe befinden, sondern sich einer der Beteiligten in eine psychologisch unterlegene Position gezwungen fühlt. Typische unfaire Taktiken sind beispielsweise:

Vorsicht, Falle | körpersprachliche Geringschätzung

Ihr Chef signalisiert Ihnen verbal und nonverbal seine Geringschätzung: Er wendet sich körperlich von Ihnen ab, unterbricht Sie, monologisiert in belehrendem Tonfall, trommelt mit den Fingern auf der Tischplatte oder spielt mit seinem Handheld, während Sie reden. Ziel dieser Taktik ist es, Ihr Selbstbewusstsein zu untergraben. Sie sollen sich dazu gedrängt fühlen, um das Wohlwollen Ihres Chefs zu kämpfen – damit Sie in der Sache mehr Zugeständnisse machen.

Mindestens genauso manipulativ ist es, wenn Führungskräfte ihren Arbeitnehmern Schuldgefühle einflößen.

Vorsicht, Falle Schuldgefühle

Ihre Chefin sieht Sie entsetzt an: »In dieser Lage können Sie
doch keine Gehaltserhöhung fordern! Sie wissen doch, wie
prekär unsere Situation derzeit ist. Wir kämpfen um jeden Auftrag
und versuchen alles, damit wir ohne Entlassungen durch die
Krise kommen. Da können Sie doch nicht so unsolidarisch
sein ...«

Schuldzuweisungen können auch aggressiv vorgetragen
werden. Dann geht es nicht nur darum, Ihnen ein schlechtes Gewissen zu machen, sondern Sie gleichzeitig noch
einzuschüchtern.

Vorsicht, Falle Manipulation

Wegen der gravierenden Arbeitsüberlastung bitten Sie um Unterstützung. Ihr Chef kontert: »Frau Müller, Sie haben eben eine
verantwortungsvolle Position inne, bei der Dienst nach Vorschrift
einfach nicht genügt. Das wussten Sie doch schon, als Sie diese
Aufgabe übernommen haben, oder? Ich habe eigentlich Sie
deshalb ausgesucht, weil ich dachte, dass ich mich auf Sie und
Ihren Einsatz verlassen könne. Aber da habe ich mich wohl leider
getäuscht.«

Besonders unfair ist es, wenn die Führungskraft gezielt
versucht, dem Arbeitnehmer Angst zu machen.

Vorsicht, Falle Angst schüren

Ihre Chefin reagiert auf Ihre Bitte nach einer Arbeitszeitverkürzung:
»Ihnen ist doch klar, dass das in dieser Zeit das falsche Signal ist?
Wir brauchen keine Freizeitkapitäne, sondern Leute, die sich voll
für das Unternehmen einsetzen. Wenn Ihnen Ihre Freizeit so
wichtig ist, sollten Sie überlegen, ob Sie bei uns am richtigen Platz
sind.«

Manche Taktiken sind auf den ersten Blick noch schwieriger zu erkennen, weil sie weniger aggressiv erscheinen. Eine Taktik ist beispielsweise das Schweigen.

Vorsicht, Falle	**Schweigen**

Sie haben Ihrem Chef gerade eröffnet, dass Sie wegen Ihrer besonderen Leistungen eine Prämie im vierstelligen Bereich erwarten. Ihr Chef entgegnet darauf nichts. Er lehnt sich zurück, sieht aus dem Fenster – und schweigt ...

Schweigen ist eine erstaunlich wirksame Verhandlungstaktik. Vielleicht kennen Sie das aus dem privaten Bereich, wenn in einer geselligen Runde eine Gesprächspause eintritt, und plötzlich alle gleichzeitig zu reden beginnen, weil das Schweigen so unangenehm ist. Ein schweigender Verhandlungspartner ist schwer zu ertragen – und bringt viele zum Reden. Schon hören Sie sich sagen: »Also, wenn 1 000 Euro nicht drin sind, wäre ich eventuell auch mit 500 zufrieden ...«

Unfairen Taktiken begegnen

Taktiken wirken unerkannt am besten.

Am wirksamsten sind diese unfairen Taktiken, wenn sie nicht als solche erkannt werden. Wer das Verhalten seiner Führungskraft in diesen Momenten für authentisch hält, wird zutiefst verunsichert sein und über seine Ziele kaum selbstbewusst verhandeln können. Sobald Sie dagegen merken, dass Sie es mit einer Technik zu tun haben, können Sie ein wenig aufatmen.

Ruhig bleiben und auf die Sachebene zurückkehren

Es ist schade, wenn Ihre Führungskraft Ihnen gegenüber zu unfairen Mitteln greift. Das heißt aber nicht, dass Sie Ihre Verhandlungsziele gleich aufgeben müssen. Besser ist es,

- Sie versuchen, gelassen zu bleiben,
- Sie zeigen, dass Sie die Taktik also solche erkannt haben,
- und Sie führen das Gespräch auf eine sachliche Ebene zurück.

Körpersprachliche Geringschätzung ansprechen!
Wenn Ihr Chef eine abwertende Körpersprache zeigt, sprechen Sie dies offen an: »Sie trommeln mit den Fingern. Das wirkt auf mich, als seien Sie ungeduldig. Stehen Sie denn unter Zeitdruck? Sollen wir das Gespräch vielleicht verschieben?«

Auf Schuldzuweisungen reagieren Sie am besten, indem Sie sie freundlich zurückweisen und in Ihrer Argumentation fortfahren.

Schuldgefühle zurückweisen!
Ihre Chefin versucht, Ihnen ein schlechtes Gewissen zu machen: »Ich kann verstehen, dass Sie mein Wunsch in unserer derzeitigen Lage überrascht. Aber Sie wissen ja, dass ich Ihnen und dem Unternehmen gegenüber sehr loyal bin. Aus meiner Sicht sieht die Sache so aus: ...«

Besonders schwer fällt die Reaktion, wenn ein Chef gezielt versucht, seinem Mitarbeiter Angst zu machen, beziehungsweise mehr oder weniger verhüllte Drohungen ausspricht.
In diesem Fall sollten Sie ernsthaft überlegen, ob es sinnvoll ist, Ihr Verhandlungsziel weiter zu verfolgen und überhaupt weiterhin für einen solchen Manipulator zu arbeiten. Viel Freude werden Sie an diesem Arbeitsplatz wohl nicht haben. Sollten Sie trotzdem in der Verhandlung bleiben wollen, müssen Sie zeigen, dass Sie sich auf diese Weise nicht einschüchtern lassen. Zeigen Sie, dass Sie die Drohung verstanden haben, aber nicht gewillt sind, sich ihr zu beugen.

Drohungen sachlich abwehren!
Ihre Chefin hat Ihnen wegen der gewünschten Arbeitszeitverkürzung indirekt die Kündigung nahegelegt. Sie reagieren sachlich: »Ich arbeite sehr gern hier und möchte das auch weiterhin tun. Ich glaube, dass ich auch bei einer verringerten Stundenzahl einen wertvollen Beitrag zum Unternehmenserfolg leisten kann. Konkret habe ich mir das so vorgestellt: ...«

Schweigen ertragen

Wenn Sie das Schweigen Ihres Chefs erst einmal als Taktik erkannt haben, ist die Reaktion darauf einfach: Sie schweigen auch. Lächeln Sie Ihren Chef an, und warten Sie auf seine Reaktion, auch wenn diese erst ein oder zwei Minuten (und die werden Ihnen sehr lange vorkommen) später kommt. Wenn Sie es gar nicht mehr aushalten, können Sie das Schweigen ansprechen: »Wir können jetzt beide noch ein paar Minuten schweigen. Oder wir kürzen das ab. Also, was sagen Sie zu ...?«

Selbst keine unfairen Taktiken anwenden

Es sind keineswegs nur Führungskräfte, die in Verhandlungen zu unfairen Mitteln greifen. Auch viele Arbeitnehmerinnen und Arbeitnehmer nutzen mehr oder weniger bewusst manipulative Techniken, wenn sie bei ihrem Arbeitgeber etwas erreichen wollen.

Erzeugen Sie kein schlechtes Gewissen!

»Aber Herr Maier, ich habe mich so für das Projekt eingesetzt, weil ich wusste, wie sehr es Ihnen am Herzen lag. Ich habe buchstäblich Tag und Nacht gearbeitet, um Ihnen diesen Erfolg zu ermöglichen. Sie hatten mir doch versprochen, dass Sie das bei der nächsten Gehaltsrunde berücksichtigen würden. Und jetzt sagen Sie einfach Nein?«

Den Chef positiv stimmen

Raffinierte Mitarbeiter versuchen, ihre Führungskraft im Gespräch zunächst durch psychologische Tricks positiv zu stimmen. Sie setzen beispielsweise Erkenntnisse aus der Neurolinguistischen Programmierung (NLP) ein und spiegeln die Körpersprache ihres Chefs, um unbewusst Sympathie zu erzeugen. Schlägt er die Beine übereinander, tun sie das kurz darauf auch. Fasst er sich an die Nase, bringt der Mitarbeiter kurz darauf ebenfalls seine Hand zur Nase. Es gibt Studien, die belegen, dass dies tatsächlich ein wirksames Vorgehen ist, um als sympathisch zu gelten und dadurch Pluspunkte zu verbuchen.
Auch verbal kann ein Mitarbeiter seinen Chef zu seinen Gunsten beeinflussen.

Erfolgreich verhandeln

Anerkennung aussprechen

»Frau Schmidt, Sie wissen, wie gern ich für Sie arbeite. Seit Sie unsere Abteilung leiten, hat sich das Klima spürbar verbessert, und ich habe das Gefühl, dass Sie viel Wert auf Fairness legen. Deshalb bin ich sicher, dass Sie ...«

Verhandlungstechniken werden meist als solche erkannt und übel vermerkt.

Aber Vorsicht: Sie müssen davon ausgehen, dass Ihr Verhandlungspartner ebenfalls einige Ratgeber zum Thema Verhandeln gelesen hat. Und NLP ist längst kein Geheimtipp mehr, sondern wird auf vielen Führungstrainings gelehrt. Die Wahrscheinlichkeit ist also groß, dass Ihr Chef oder Ihre Chefin Ihre Taktik als solche erkennt. Vielleicht wird sie ihn amüsieren, womöglich aber stören. Spätestens hier kommt das Machtgefälle zwischen Ihnen und Ihrer Führungskraft zum Tragen: Ihre Chefin kann es sich vielleicht erlauben, manipulative Techniken anzuwenden. Sie als der hierarchisch niedriger Gestellte sollten es besser nicht tun.

Drohungen sind tabu.

Auf gar keinen Fall sollten Sie Drohungen oder Erpressungsversuche einsetzen, wenn Ihr Chef nicht so handelt, wie Sie es sich wünschen. Immer wieder kommt es vor, dass ein Arbeitnehmer seinen Chef wütend anfährt:

- »... dann kündige ich!«
- »... sonst bin ich ab morgen krank!« oder
- »... sonst wende ich mich an die Presse!«

Entgleiste Verhandlungen können fatale Folgen haben.

Die wahrscheinlichste Antwort, die Sie darauf erhalten werden, ist ein kühles »Dann tun Sie das doch.« Wenn Sie Ihre Selbstachtung nicht verlieren wollen, müssen Sie dann tatsächlich kündigen. Das aber war vermutlich nicht Ihr Verhandlungsziel. Krankfeiern oder andere zweifelhafte Handlungen können rechtliche Konsequenzen bis hin zur fristlosen Kündigung nach sich ziehen. Und selbst wenn es nicht gleich so weit kommt: Sobald Sie Ihrem Vorgesetzten gegenüber die Fassung verloren haben und aggressiv wurden, dürfte das Klima zwischen Ihnen vergiftet und eine weitere erträgliche Zusammenarbeit schwierig oder gar unmöglich geworden sein. Denken Sie daran: Ihr Chef ist nicht Ihr Feind. Selbst wenn Sie ihn persönlich nicht mögen, können Sie mit ihm konstruktiv zusammenarbeiten und verhandeln, solange Sie das Sachziel im Auge behalten und ansonsten Ihre Fassung wahren.

Checkliste »Verhandlungstaktik«

- [ ] Definieren Sie vorab Ihr Maximal- sowie Ihr Minimalziel und schaffen Sie so Verhandlungsmasse.
- [ ] In der Verhandlung selbst: Stellen Sie zunächst Ihre Maximalforderung, von der Sie sich im Laufe des Gesprächs herunterhandeln lassen können.
- [ ] Bleiben Sie flexibel im Hinblick auf Chancen und Ansatzpunkte, die sich erst im Laufe des Gesprächs ergeben.
- [ ] Berücksichtigen Sie das Machtgefälle, das zwischen Ihnen und Ihrer Führungskraft herrscht, aber lassen Sie sich davon nicht einschüchtern.
- [ ] Achten Sie darauf, welche Verhandlungstaktiken Ihre Führungskraft einsetzt, und wehren Sie sich, falls eine Taktik unfair ist.
- [ ] Bleiben Sie freundlich und (geben Sie sich) souverän.
- [ ] Setzen auch Sie keine unfairen Verhandlungstaktiken ein und lassen Sie sich nicht zu verbalen Entgleisungen oder gar Drohungen hinreißen.

■ Situation und Persönlichkeit des Chefs berücksichtigen

Eine gute Führungskraft behandelt nicht jeden Mitarbeiter gleich, sondern führt jeden so, wie es dessen Persönlichkeit und der konkreten Situation am besten entspricht. Umgekehrt sollten auch Sie Ihre Strategie und Taktik darauf abstimmen, welche Position Ihr Vorgesetzter im Unternehmen einnimmt, in welcher Situation sich das Unternehmen sowie Ihr Chef selbst befinden und welcher Persönlichkeitstyp Ihr Chef ist.

Die Situation einschätzen

Auch Führungskräfte unterliegen Restriktionen.

Wer auch immer Ihnen als Verhandlungspartner gegenübersitzt, er oder sie steht zwar in der Hierarchie über ihnen, kann deswegen aber noch lange nicht nach Belieben schalten und walten.

Die Situation angestellter Führungskräfte

Abteilungsleiter oder Bereichsleiter in einem größeren Unternehmen unterliegen strikten Vorgaben, an die sie sich genauso zuverlässig halten müssen wie Sie sich an die Ihren:

So kann es beispielsweise ein Gehaltsgefüge, tarifliche Einstufungen, Vereinbarungen mit dem Betriebsrat, genaue Vorgaben für den Ablauf von Jahresgesprächen sowie das Treffen von Zielvereinbarungen und nicht zuletzt Budgets geben, an die ein Vorgesetzter gebunden ist. Wenn er sagt, er könne Ihnen eine Gehaltserhöhung oder eine teure Weiterbildung nicht gewähren, weil das Budget dies einfach nicht erlaube, ist das wahrscheinlich die Wahrheit.

Vorgesetzte haben selbst Vorgesetzte.

Auch Ihr Chef hat einen Vorgesetzten, vor dem er sich rechtfertigen muss. Wenn er Sie fachlich und persönlich schätzt, wird er sich für Sie einsetzen. Aber er wird sich davor hüten, Ihretwegen sein Budget zu überschreiten oder gegen andere Vorgaben zu verstoßen. Anderenfalls macht er sich selbst angreifbar. Er muss darauf achten, vor seinem Chef gut dazustehen, wenn er seine Position nicht gefährden will. Deswegen muss er die Regeln einhalten, die ihm von höherer Stelle auferlegt sind. Das hat für ihn Priorität.

Umso mehr wird Ihr Chef es anerkennen, wenn Sie von sich aus eine Lösung anbieten, die für ihn unproblematisch ist, oder wenn Sie sich inhaltlich flexibel zeigen und daran mitwirken, gemeinsam mit ihm eine regelkonforme Lösung zu entwickeln.

Der Entscheidungsspielraum einer Führungskraft hängt auch von ihrem Stellenwert im Unternehmen ab.

Bedenken Sie auch die aktuelle Situation Ihres Vorgesetzten. Fragen Sie sich beispielsweise:

- Hat Ihr Chef eine stabile Position innerhalb des Unternehmens?

- Hat Ihre Chefin ein tragfähiges Netzwerk und eine Hausmacht innerhalb des Unternehmens?
- Kommt Ihr Chef mit seinem Chef gut aus?
- Gilt Ihre Chefin als fähig, auch höhere Aufgaben zu bewältigen, oder befindet sie sich eher auf einem Abstellgleis in ihrer Karriere?

Diese Fragen haben Sie sich so vielleicht noch nie gestellt, weil Sie sich verständlicherweise hauptsächlich für Ihre eigene Position sowie Ihre Wünsche und Probleme interessieren. Aber welche Aussichten Sie selbst haben, hängt auch davon ab, welche Möglichkeiten Ihr Chef hat. Je besser seine (informelle) Stellung im Unternehmen ist, desto besser ist das für Sie.

Die Situation von Inhaber-Unternehmern

Eine Alleingeschäftsführerin oder ein Inhaber-Unternehmer hat formal und praktisch natürlich eine viel größere Entscheidungsbefugnis als ein angestellter Manager irgendwo in der Unternehmenshierarchie.

Aber selbst in diesem Fall kann Ihr Arbeitgeber nicht allen Ihren Wünschen nachkommen. Auch ein Inhaber-Unternehmer hat eine Vorstellung von einem Gehaltsgefüge und hängt bestimmte Vorgaben am Schwarzen Brett aus, die er nicht verletzen will. Anderenfalls ist Streit zwischen den Mitarbeitern vorprogrammiert. Auch eine Unternehmerin muss Budgets festlegen, von denen sie nicht allzu weit abweichen kann, wenn das Unternehmen nicht in eine finanzielle Schieflage geraten soll.

Unternehmer und Unternehmerinnen sind zudem oft starke Persönlichkeiten mit ausgeprägten Überzeugungen. Diese haben einen viel größeren Einfluss auf unternehmerische Entscheidungen, als es bei angestellten Führungskräften, die in eine größere Hierarchie eingebunden sind, der Fall wäre. Das macht Unternehmer und Unternehmerinnen unberechenbarer und für Sie zu schwierigeren Verhandlungspartnern.

Inhaber-Unternehmer haben mehr Entscheidungsmacht, sind aber keineswegs völlig frei.

Erfolgreich verhandeln

Cheftypen und wie Sie am besten mit ihnen umgehen

Die Persönlichkeit des Chefs einbeziehen

Arbeitgeber sind von ihrer Persönlichkeit und ihrem Temperament her ebenso unterschiedlich wie andere Menschen auch. Jeder hat seine Schwächen und Stärken, seine Vorlieben und Abneigungen. Als kluger Mitarbeiter stellen Sie sich auf die Persönlichkeit Ihres Arbeitgebers ein und berücksichtigen sie bei der Vorbereitung Ihrer Verhandlungen.

Der Technokrat

Technokraten sind regelfixiert.

Der technokratische Chef ist oft Ingenieur, Jurist oder Betriebswirt. Er orientiert sich an Zahlen, Daten, Fakten und Regeln. Er ist sehr korrekt und immer bedacht darauf, alles richtig zu machen. Entsprechend erwartet er von seinen Mitarbeitern, dass sie sich ebenfalls streng an die Regeln halten und seine Vorgaben genau umsetzen. Der Technokrat neigt zu kontrollierendem und autoritärem Führungsverhalten, besonders dann, wenn er das Gefühl hat, seine Mitarbeiter hielten weniger von Regeln als er. Hat er eine Abmachung getroffen, hält er sie zuverlässig ein.

Die Verhandlung mit einem Technokraten:

Mit einer rein sachorientierten Argumentation punkten

- Begründen Sie Ihre Forderungen nicht mit Gefühlen, Meinungen und »wolkigen« Formulierungen (»Ich brauche einfach eine inspirierendere Atmosphäre ...«), sondern mit Zahlen, Daten und Fakten.
- Unterstützen Sie Ihre Argumentation mit einer übersichtlich aufbereiteten schriftlichen Dokumentation des Zahlenmaterials.
- Appellieren Sie an seinen Sinn für Korrektheit: »Die korrekte Vorgehensweise sieht meiner Meinung nach in diesem Fall so aus: ...«
- Bieten Sie ihm Lösungen, die sich innerhalb der üblichen Regeln bewegen, die in Ihrem Unternehmen gelten. Kreative und innovative Lösungen können Sie bei diesem Cheftyp eher nicht durchsetzen.

Der Harmoniebedürftige

Der harmoniebedürftige Chef ist sehr angenehm im Umgang. Er legt Wert auf ein gutes Arbeitsklima, interessiert sich für das Wohlergehen und die privaten Belange seiner Mitarbeiter und berücksichtigt großzügig persönliche Wünsche. Er will gemocht werden.

Harmoniebedürftige Chefs wollen gemocht werden und verzichten dafür auf klare Worte.

Die Schattenseite dieses Chefs ist, dass er keine klaren Anweisungen gibt und Konflikten aus dem Weg geht. Er möchte, dass die Mitarbeiter von selbst engagiert arbeiten und Probleme unter sich ausmachen. Damit entzieht er sich im Grunde seiner Führungsverantwortung.

Die Verhandlung mit einem harmoniebedürftigen Chef:

In der Verhandlung auf Persönliches setzen

- Grundsätzlich haben Sie gute Aussichten, Ihre Wünsche durchzusetzen, weil dieser Chef so schlecht Nein sagen kann. Schwierig könnte es allerdings werden, die tatsächliche Umsetzung einzufordern.
- Führen Sie das Gespräch in einer positiven und entspannten Atmosphäre und zeigen Sie durch Gesten und Worte persönliche Wertschätzung für Ihren Chef.
- Zeigen Sie, wie sehr Ihnen Ihr Verhandlungsziel am Herzen liegt und wie viel es Ihnen persönlich bedeutet.
- Bieten Sie eine Lösung, die leicht umzusetzen ist. Sonst sagt Ihre Chefin zu Ihnen Ja, wird aber von ihrem eigenen Vorgesetzten gestoppt, weil sie sich nach oben genauso wenig durchsetzen kann wie nach unten.
- Fertigen Sie nach der Verhandlung ein Protokoll mit den Besprechungsergebnissen und der sich daraus ergebenden To-do-Liste an und geben Sie es Ihrem Chef. Dieses Schriftstück wird es Ihnen erleichtern, ihn auf die Umsetzung des Besprochenen »festzunageln«.

Das Alphatier

Alphatiere haben ein großes Dominanzbedürfnis.

Das Alphatier liebt klare Machtverhältnisse und Mitarbeiter, die sich seinem Machtanspruch widerspruchslos unterwerfen. Solange sich ein Chef dieses Typs nicht angegriffen fühlt, kann er charmant und wohlwollend im Umgang sein. Wen er aber als (potenziellen) Rivalen einschätzt, den bekämpft er gnadenlos.

Die Verhandlung mit einem Alphatier:

Respekt zeigen und direkten Widerspruch vermeiden

- Falls Ihr Chef Sie eingeschüchtert hat, sollten Sie dies nicht zeigen: Er übergeht lässig Wünsche von Mitarbeitern, die er als unterwürfig einstuft, respektiert aber selbstbewusst vorgetragene Forderungen.

- Zeigen Sie durch Respekt und Höflichkeit, dass Sie seine hierarchische Überlegenheit anerkennen.
- Keinesfalls dürfen Sie ein Alphatier unterbrechen oder ihm direkt widersprechen. Formulieren Sie Widerspruch als Frage oder Vorschlag.
- Stellen Sie in Ihrer Argumentation heraus, dass Ihr Vorschlag Ihnen hilft, Ihrem Chef noch besser zuzuarbeiten und zu nutzen.

Der Überforderte

Nicht jeder Chef und nicht jede Chefin besitzt die Fähigkeiten, die für die Position eigentlich notwendig sind. So mancher ist schlicht überfordert mit dem, was ihm an Fachwissen, Führungsfähigkeit, analytischen Durchblick und strategischem Planungsverhalten inmitten der Komplexität heutiger Unternehmensumwelten abverlangt wird. Die Überforderten trauen sich grundsätzlich nicht, Entscheidungen zu fällen. Sie delegieren deswegen praktisch alles, machen dabei aber keine klaren Vorgaben. So verhindern sie, dass sie später für die Ergebnisse verantwortlich sind. Weil diese Chefs so verunsichert sind, lassen sie sich von Dritten stark beeinflussen. Je nach Grundtemperament sind die einen besonders freundlich zu ihren Mitarbeitern, die anderen eher aggressiv, und wieder andere schwanken unberechenbar zwischen Freundlichkeit und Aggressivität hin und her.

Die Verhandlung mit einem überfordertem Chef:

- Zeigen Sie, welchen Nutzen Ihr Chef davon hat, wenn er Ihrer Forderung nachgibt.
- Legen Sie einen bereits fertig vorbereiteten Lösungsvorschlag auf den Tisch, der Ihrem Chef kaum weitere Arbeit macht und den er nur noch absegnen muss.
- Machen Sie deutlich, dass er sich auf Sie voll verlassen kann und Sie ihn unterstützen und entlasten.
- Falls Sie von Ihrem überforderten Chef enttäuscht sind oder ihn sogar verachten – was nachvollziehbar wäre –,

Überforderte Chefs sind anstrengend und neigen dazu, ihre Mitarbeiter zu überlasten.

Unterstützung zusichern und Entscheidungen vorbereiten

lassen Sie sich das auf keinen Fall anmerken. Er mag unfähig sein, aber er ist immer noch Ihr Chef.

■ Lassen Sie sich nicht zu völlig überzogenen Forderungen hinreißen, nur weil Sie wissen, dass Sie diese durchsetzen können. Sonst riskieren Sie, sich an höherer (und entscheidungsfähigerer) Stelle unbeliebt zu machen.

Der Stratege

Ein Stratege weiß zwischen Sympathie und beruflichem Nutzen klar zu trennen. Er hat klare Karriereziele und eine nüchterne Einstellung zu seinen Mitarbeitern und deren Wünschen: Wenn jemand fähig, engagiert, loyal und daher nützlich für ihn ist, ist er bereit, ihm dafür in seinen Wünschen entgegenzukommen. Jedenfalls so weit, wie er es vertreten kann, ohne die eigenen Ziele zu gefährden.

Die Verhandlung mit einem Strategen:

Nüchterne und pragmatische Verhandlungen führen

■ Führen Sie das Gespräch selbstbewusst und auf Augenhöhe.

■ Zeigen Sie, dass Sie sich Gedanken gemacht und sich umfassend vorbereitet haben. Das weiß ein Stratege zu schätzen.

■ Argumentieren Sie strikt nutzenorientiert. Das ist für diesen Cheftyp das einzige, was zählt.

■ Bleiben Sie auf jeden Fall sachlich und positiv, auch wenn die Verhandlung nicht so läuft, wie Sie sich das vorgestellt hatten. Emotionale Ausbrüche sind für einen Strategen (wie für einen Technokraten) ein Graus.

Im Gespräch bleiben

Viele machen den Fehler, sich zu sehr auf die eine Verhandlung zu konzentrieren, in der sie endlich das durchsetzen möchten, was ihnen schon lange am Herzen liegt. Wenn das dann nicht klappt, ziehen sie sich resigniert zurück und demonstrieren fortan Unlust und Unmut.

»Es ist Unsinn, Türen zuzuschlagen, wenn man sie angelehnt lassen kann.«
J. William Fulbright, US-Politiker

Das aber ist unklug. Ihr Chef oder Ihre Chefin ist nun einmal eine der wichtigsten Personen in Ihrem beruflichen Leben. Sie können es sich gar nicht leisten, es sich mit diesem Menschen zu verderben. Versuchen Sie, sich an der Haltung zu orientieren, die ein strategischer Chef an den Tag legt. Betrachten Sie die Angelegenheit ganz nüchtern: Es liegt in Ihrem Interesse, gut mit Ihren Vorgesetzten auszukommen und sich nützlich zu erweisen.

Wie eine Verhandlung verläuft, hängt auch von den beteiligten Persönlichkeiten ab und von der Situation, in der sie sich jeweils befinden. Deshalb sollten Sie bei der Vorbereitung überlegen, welche Entscheidungsbefugnisse Ihr Vorgesetzter hat und welchen Restriktionen er unterworfen ist.

Checkliste »Langfristige Strategien«

- ☐ Zweifeln Sie die Autorität Ihrer Vorgesetzten in der Öffentlichkeit niemals an.
- ☐ Berichten Sie regelmäßig über Ihre Arbeit und deren Fortschritte.
- ☐ Halten Sie keine Informationen zurück, sondern sorgen Sie für Transparenz. Das ist die wichtigste Voraussetzung dafür, dass Ihr Chef Ihnen vertraut.
- ☐ Sprechen Sie Probleme und Wünsche frühzeitig an und bieten Sie immer gleich auch Lösungen an. So bescheren Sie Ihrem Vorgesetzten in der Verhandlung keine unangenehmen Überraschungen.
- ☐ Zeigen Sie Akzeptanz und Verständnis, wenn Sie in einer Verhandlung nicht das bekommen, was Sie wollen. Sagen Sie aber deutlich, dass Sie Ihr Ziel dennoch weiter verfolgen werden und sich eine neue Lösung einfallen lassen beziehungsweise bei deren Entwicklung Unterstützung erwarten.
- ☐ Bleiben Sie auch nach der Verhandlung im Kontakt mit Ihrem Chef. Bedenken Sie: Nach der Verhandlung ist vor der Verhandlung ...

■ Souverän auftreten

Nach all den Vorbereitungen ist es nun so weit: Der Tag der Verhandlung ist da. Sie haben Ihre Ziele, Ihre Strategie und Ihre Argumentation erarbeitet und Ihr Vorgehen auf die Situation und Persönlichkeit Ihres Chefs abgestimmt. Jetzt kommt es nur noch darauf an, in der Verhandlung selbst souverän und zielführend aufzutreten.

Innerlich und äußerlich Haltung gewinnen

Sicher werden Sie am Morgen des Verhandlungstags ein wenig nervös sein. Schließlich geht es um Dinge, die für Sie wichtig sind. Sollten Sie deswegen schlecht geschlafen haben, gehen Sie morgens am besten eine Runde joggen oder machen Sie einen kleinen Spaziergang oder ein paar Yogaübungen, damit Sie frisch, weitgehend entspannt und mit klarem Denkvermögen an Ihrem Arbeitsplatz eintreffen. **Denken Sie daran:**

- Sie wissen, was Sie wollen.
- Sie kennen Ihren Wert.
- Sie sind gut vorbereitet.

Es wird Ihnen leichter fallen, selbstbewusst und souverän aufzutreten, wenn Sie gut gekleidet sind und wissen, dass Sie bereits rein äußerlich ein professionelles Bild abgeben. Daher sollten Sie sich besonders sorgfältig kleiden – eher etwas besser als sonst.

Wählen Sie aber Ihre Kleidung nicht so (ab)gehoben, dass Sie sich unwohl fühlen. Achten Sie auch auf vermeintlich weniger wichtige Details wie Schuhe, Gürtel, Handtasche oder Krawatte. Diese sollten hochwertig, gut gepflegt und farblich perfekt auf die restliche Kleidung abgestimmt sein. Welche Kleidung angemessen ist, hängt von den Gepflogenheiten Ihrer Branche und Ihrem Unternehmen ab. Wer in einer Bank arbeitet, liegt mit einem schwarzen Anzug beziehungsweise einem anthrazitfarbenen Kostüm richtig, in einer Werkstatt darf es auch eine Jeans – ohne Löcher, Risse oder Flecken – mit einem Polohemd beziehungsweise einer Bluse sein.

Positiv beginnen

»Für den ersten Eindruck gibt es keine zweite Chance«, sagt der Volksmund. Sorgen sie deshalb für einen guten Einstieg:

Wer gut vorbereitet in die Verhandlung geht, braucht nicht übermäßig nervös zu sein.

»In einer schlechten Kleidung gelingt das Artigtun weniger als in einer guten.«
Jean Paul

Erfolgreich verhandeln

Lächeln und grüßen

- Betreten Sie das Chefbüro beziehungsweise den Verhandlungsraum mit einem Lächeln und einem freundlichen Gruß.
- Achten Sie dabei darauf, Blickkontakt zu Ihrem Vorgesetzten herzustellen.
- Reichen Sie eine warme und trockene Hand zu einem festen, aber nicht erdrückenden Händedruck. Sollten Sie vor Aufregung kalte und feuchte Hände haben, trocknen Sie diese kurz vorher mit einem Taschentuch ab und reiben Sie sie heftig gegeneinander, um die Durchblutung zu verbessern.

Etwas Smalltalk schafft eine gute Atmosphäre.

Sicher wird Ihr Chef Sie bitten, Platz zu nehmen, und ein paar einleitende Worte sprechen. Darauf sollten Sie natürlich eingehen, beziehungsweise von sich aus etwas Small Talk betreiben, wenn Ihr Chef dies nicht tut.

Machen Sie keine Vorschriften

Petra Sch. will eine Umverteilung der Aufgaben in ihrer Abteilung anregen, weil sie die derzeitige Aufteilung sehr ungerecht und ineffizient findet. Seit Wochen hat sie sich auf das Gespräch mit ihrer Chefin vorbereitet und einen Vorschlag ausgearbeitet. Erst am Vortag gab es wieder Streit mit einer Kollegin um ein Aufgabengebiet, und Petra Sch. ist immer noch verärgert.

Pünktlich zur vereinbarten Uhrzeit betritt sie das Büro ihrer Chefin, geht auf diese zu und beginnt ohne Umschweife: »Also Frau Görnemann, so geht das einfach nicht weiter. Sie müssen jetzt endlich die Aufgaben neu zuordnen, damit dieser ständige Streit aufhört. Ich habe mir überlegt, wie eine gerechtere Aufteilung aussehen müsste ...« Die Chefin wirkt erst irritiert, dann verärgert: »Also Frau Sch., wie die Aufgaben hier zu verteilen sind, entscheide immer noch ich!«

Ein paar freundliche und nicht unmittelbar zum Thema gehörende Sätze zu Beginn lockern die Atmosphäre auf. Auch wenn Ihnen Ihr Thema auf den Nägeln brennt und Sie die Verhandlung so schnell wie möglich hinter sich bringen wollen, sollten Sie nicht mit der Tür ins Haus fallen. Das wirkt aggressiv und provoziert Abwehrreaktionen Ihres überrumpelten Chefs.

Beispiele für einen
guten Einstieg

Ein sanfter Einstieg ermöglicht einen guten Gesprächs-
verlauf. Beginnen Sie beispielsweise mit einer Frage nach
dem Befinden Ihres Gegenübers, mit einer Bemerkung
über das Wetter – das Thema passt wirklich immer – oder
mit einem Dank, etwa so:

■ »Sind Sie denn gestern Abend sehr spät aus Frankreich
zurückgekommen? Ich habe gehört, es gab Verspätun-
gen wegen Nebels.«

■ »Wie schön, dass heute endlich wieder die Sonne
scheint. Ich bin heute zu Fuß hergekommen und habe
den Spaziergang wirklich genossen.«

■ »Schön, dass Sie sich Zeit für dieses Gespräch nehmen konnten. Ich weiß ja, dass Sie zur Zeit stark vom
XY-Projekt beansprucht werden, und freue mich daher
besonders, dass Sie sich diesen Termin freigehalten haben.«

Zur Sache kommen

Nach ein paar freundlichen Sätzen wird Ihr Vorgesetzter
sich nach Ihrem Anliegen erkundigen: »Also Herr J., worüber wollen Sie denn mit mir reden?« Nun kommen Sie
am besten ohne weitere Umschweife zur Sache: »Ich
möchte mit Ihnen über meine Vergütung/meine Arbeits-
zeit/meine weitere berufliche Entwicklung sprechen.« Be-
achten Sie dabei:

■ Sprechen Sie nicht im Konjunktiv (»Ich dachte, also ich
würde gern mal ...«), und vermeiden Sie Unsicherheits-
geräusche wie »Ah« oder wiederholtes Räuspern.

■ Tragen Sie kurz und mit klaren Worten vor, was Sie
möchten und warum Sie es möchten.

■ Zeigen Sie durch die Art Ihrer Formulierungen, dass
Sie das Thema im Griff haben. Zum Beispiel durch eine
Aufzählung: »Das hätte folgende Vorteile: Erstens ...
zweitens ... drittens ...« Oder durch eine Gegenüber-
stellung: »Dagegen spricht, dass ... Dafür spricht aber,
dass ...«

■ Halten Sie dabei Blickkontakt zu Ihrem Gegenüber, damit Sie seine unmittelbaren Reaktionen sehen.

- Monologisieren Sie nicht. Geben Sie Ihrem Chef durch kleine Pausen in Ihrer Stellungnahme die Möglichkeit, einen Einwurf zu machen oder eine Frage zu stellen.
- Unterbrechen Sie Ihren Chef nicht. Auch nicht, wenn seine Stellungnahme nicht in Ihrem Sinne ausfällt.

Den Chef zu Wort kommen lassen

Ein Gespräch besteht aus Rede und Gegenrede. Ihr Chef darf etwas sagen und wird dies auch tun wollen. Ihr Chef wird Fragen stellen und Einwände vorbringen. Vielleicht hat er sogar einen Alternativplan ausgearbeitet. Den sollten Sie sich aufmerksam anhören und anschließend darauf eingehen. Fragen beantworten Sie ausführlich, auf Einwände reagieren Sie konstruktiv und bringen Ihre Gegenargumente. Sollte ein Einwand auftauchen, mit dem Sie nicht gerechnet haben, lassen Sie sich dadurch nicht verunsichern. Sprechen Sie die Tatsache ruhig offen an: »Diesen Aspekt hatte ich nicht bedacht. Lassen Sie mich kurz darüber nachdenken ...«

Ich-Botschaften einsetzen

Vermeiden Sie unter allen Umständen, Ihren Gesprächspartner anzugreifen. Formulieren Sie statt anklagender Du-Botschaften oder scheinbar allgemeingültiger Aussagen besser Ich-Botschaften. Mit ihnen stellen Sie heraus, dass es sich bei Ihren Ausführungen um Ihre Sicht der Dinge und nicht um einen Generalangriff handelt.

Wie Sie Ich-Botschaften einsetzen	
Statt der angreifenden Aussage ...	**... sagen Sie besser:**
»Das ist ungerecht!«	»Ich empfinde das als ungerecht und kränkend.«
»Meine Bezahlung ist inadäquat.«	»Ich möchte gern, dass sich meine Leistungen und mein Engagement in meiner Bezahlung widerspiegeln. Momentan habe ich aber das Gefühl, dass da ein Missverhältnis besteht.«
»Das Projekt ist nicht zu schaffen!«	»Ich finde das Projekt sehr spannend. Aber ich kann es mit den vorhandenen Kapazitäten nicht so durchführen, wie es für seinen Erfolg notwendig wäre.«
»Sie erwarten einfach zu viel.«	»Ich bin dankbar für das Vertrauen, das Sie mir entgegenbringen. Aber ich fühle mich überfordert, wenn ich neben X auch noch Y stemmen soll, ohne dafür mehr Ressourcen gestellt zu bekommen.«

Körpersprache verstehen und einsetzen

Menschen sprechen nicht nur mit dem Mund, sondern mit ihrem ganzen Körper. Ihr Körper verrät einem aufmerksamen Beobachter oft, was sie wirklich fühlen und denken, auch wenn sie bewusst etwas ganz anderes sagen. In der Verhandlung sollten Sie daher auf Ihre eigene Körpersprache achten, ohne sich deswegen zu verstellen und zu schauspielern.

Gleichzeitig sollten Sie Ihre Aufmerksamkeit für die Körpersprache Ihres Vorgesetzten schärfen. Diese verrät Ihnen früher als seine Worte, wie er zu Ihren Ausführungen steht.

Was Sie aus körpersprachlichen Signalen schließen können

Signal	häufigste Bedeutung
parallel zum Gesprächspartner gerichteter Oberkörper, zugewandtes Gesicht	Zuwendung und Interesse
weit zurückgelehnter oder seitlich abgewandter Oberkörper	Desinteresse, Ablehnung
weit nach vorn gebeugter Oberkörper, Hand erhoben	Interesse, aktive Teilnahme, Wunsch, selbst etwas zu sagen
gerunzelte Stirn	Nachdenklichkeit, Skepsis, möglicherweise Abwehr/Verärgerung
gehobene Augenbrauen	Ungläubigkeit, Skepsis, möglicherweise Arroganz
konstanter Blick »ins Leere«	Konzentration aufs Zuhören
umherschweifender Blick	Nervosität, Unsicherheit, Desinteresse
erhobener Zeigefinger	Belehrung, Kritik
Spielen mit einem Stift, Kritzeln	Anspannung
aufgestütztes Kinn	Nachdenklichkeit, Skepsis
Lidzucken oder häufiges Blinzeln	Anspannung
verschränkte oder ums Stuhlbein gewickelte Beine	Unsicherheit, Abwehr

Bedenken Sie, dass eine einschüchternde oder Desinteresse signalisierende Körpersprache Teil einer unfairen Verhandlungstaktik sein kann, die Ihr Vorgesetzter gerade bewusst anwendet.

Wenn körpersprachliche Signale Sie irritieren, sollten Sie das aktiv ansprechen, zum Beispiel: »Wenn ich Ihre Mimik richtig deute, sind Sie in Bezug auf meinen Vorschlag eher skeptisch ... Darf ich fragen, woran das liegt?« So können Sie das Gespräch wieder in Gang bringen bzw. auf eine sachliche Ebene lenken.

Das Gespräch abschließen

Wenn Sie Ihre Wünsche und Forderungen vorgetragen haben, wenn Argumente und Gegenargumente ausgetauscht und diskutiert sind, wird Ihr Vorgesetzter eine Entscheidung treffen. Er entscheidet auch, wann der Zeitpunkt gekommen ist, dies zu tun und das Gespräch abzuschließen. Wenn es so weit ist, sollten Sie dies akzeptieren und nicht probieren, Ihren Chef mit einer neuen Argumentationsrunde zu anderen Beschlüssen zu bewegen. Die wird er schon deswegen nicht treffen, um sein Gesicht nicht zu verlieren. Versuchen Sie lieber, zu einem späteren Zeitpunkt nochmals auf Ihr Anliegen zurückzukommen. Sie erinnern sich: Eine taktische Niederlage bedeutet noch lange nicht, dass Ihre Strategie gescheitert ist.

Wahrscheinlich wird Ihr Chef oder Ihre Chefin Ihnen nicht genau das gewähren, was Sie verlangt haben, aber hoffentlich Ihren Wünschen wenigstens in Teilen entsprechen.

Der Abschluss sollte immer positiv sein. Wie auch immer das Verhandlungsergebnis aussieht, lassen Sie das Gespräch versöhnlich und mit einem Ausdruck des Dankes und der Akzeptanz ausklingen.

Geeignete Abschlusssätze	
Wenn Sie ...	**... sagen Sie:**
... mit dem Verhandlungsergebnis sehr zufrieden sind, ...	»Ich freue mich, dass wir eine solch gute Lösung gefunden haben. Danke dafür.«
... Abstriche machen mussten, aber mit dem Gesamtergebnis zufrieden sind, ...	»Ich bin froh, dass wir eine Lösung gefunden haben, mit der wir beide gut leben können. Das war sehr fair von Ihnen, vielen Dank.«

Geeignete Abschlusssätze (Fortsetzung)	
Wenn Sie ...	**... sagen Sie:**
... im Laufe des Gesprächs eine völlig andere Lösung entwickelt haben, als Sie sich ursprünglich vorgestellt hatten, ...	»Unser Gespräch ist anders verlaufen ist, als ich gedacht hatte. Ich bin aber froh, dass Sie so flexibel auf mein Anliegen eingegangen sind.«
... mit dem Ergebnis nicht zufrieden sind, ...	»Wir sind leider noch von einer für mich zufriedenstellenden Lösung entfernt. Aber ich vertraue darauf, dass wir zu einem späteren Zeitpunkt einen Weg finden werden, mit dem wir beide gut leben können.«
... mit dem Ergebnis völlig unzufrieden sind, ...	»Sie werden sicher verstehen, dass ich mit dem Ergebnis nicht sehr glücklich bin. Aber ich akzeptiere Ihre Entscheidung natürlich.«

Kündigen Sie anschließend an, ein Ergebnisprotokoll Ihrer Verhandlung anzufertigen. Damit haben Sie nicht nur eine Dokumentation des Besprochenen, sondern auch eine Arbeitsgrundlage für die Schritte, die Sie nun einleiten werden. Zumindest aber dient Ihnen dieses Papier als Ausgangsbasis für die nächste Verhandlung, die Sie zu diesem Thema führen werden ...

Checkliste »Souverän bleiben«

Das Gefühl, ausgeruht, gut gekleidet und vorbereitet zu sein, lässt Sie mit mehr Selbstbewusstsein und Gelassenheit in die Verhandlung gehen. Achten Sie darauf,
- ☐ das Gespräch mit etwas Small Talk einzuleiten,
- ☐ Ihre Wünsche klar und freundlich zu formulieren,
- ☐ körpersprachliche Signale richtig zu deuten,
- ☐ auf Einwände und Gegenargumente gebührend einzugehen,
- ☐ dabei auf Anklagen, Verallgemeinerungen und Du-Botschaften zu verzichten und
- ☐ einen positiven Abschluss zu finden.

Die mit Abstand wichtigste Verhandlung ist für die meisten Arbeitnehmerinnen und Arbeitnehmer die Gehaltsverhandlung. Daneben gibt es aber weitere sehr wichtige Themen, über die Sie mit Ihrem Arbeitgeber verhandeln müssen: beispielsweise über die Arbeitsinhalte, Ihre Ziele oder Ihre Arbeitsbelastung, über die Arbeitszeit und über Weiterbildungsmöglichkeiten sowie Ihre berufliche Weiterentwicklung. Und irgendwann werden Sie vielleicht auch über die Konditionen Ihrer Kündigung mit Ihrem Chef sprechen müssen.

■ Arbeitsentgelt

Geld ist kein beliebtes Verhandlungsthema.

»Über Geld spricht man nicht.« Diese Auffassung ist gerade in Deutschland tief in vielen Menschen verankert und trägt dazu bei, Gehaltsgespräche für Arbeitnehmerinnen und Arbeitnehmer wie für ihre Vorgesetzten besonders unangenehm zu machen.

Gehaltserhöhungen aktiv einfordern

Trotzdem wäre es ein Fehler, über das Gehalt nur einmal, nämlich im Einstellungsgespräch, zu verhandeln, und danach auf mehr oder weniger regelmäßig von selbst eintreffende Erhöhungen zu hoffen.
Sympathisch, aber unrealistisch ist auch die weit verbreitete Meinung: »Meine Leistung spricht doch für sich selbst. Wenn meine Chefin sieht, wie gut ich meine Arbeit mache, wird sie das honorieren.« Das wird sie vielleicht tun, aber nicht von sich aus, sondern erst dann, wenn Sie danach fragen. Unerwartete und freiwillige Gehaltserhöhungen gibt es, aber sie sind selten und vor allem niedriger als die Erhöhungen, die von Seiten der Arbeitnehmer aktiv eingefordert und ausgehandelt werden.

Wer fragt, bekommt mehr

Das zeigt die Erfahrung, und das belegen mehrere aktuelle Studien: Wer nicht nach einer Gehaltserhöhung fragt, bekommt auch keine. Dass Frauen noch stärker als Männer vor der Frage nach mehr Geld zurückschrecken, ist eine der Hauptursachen für den geringeren Durchschnittsverdienst, den sie im Vergleich mit ihren männlichen Kollegen erzielen.

Gehaltsverhandlungen sind Verkaufsgespräche.

Letztlich ist eine Gehaltsverhandlung nichts anderes als ein Verkaufsgespräch: Sie als Anbieter von Arbeit versuchen, deutlich zu machen, dass und warum Ihre Leistung mehr wert ist als das, was Sie derzeit dafür erhalten. Der Nachfrager nach Arbeit, also Ihr Arbeitgeber, versucht, gute Arbeit zu einem möglichst niedrigen Preis zu bekommen. Er weiß aber auch, dass ihm mit schlechter Arbeit zum Schnäppchenpreis nicht wirklich gedient ist.

Besser eine »Gehaltsanpassung« als eine »Gehaltserhöhung« verlangen

Als kluger Verhandlungspartner fragen Sie übrigens nicht nach einer »Gehaltserhöhung« – denn die würde wie jede Preiserhöhung bedeuten, dass Ihr Arbeitgeber für die gleiche Arbeit mehr bezahlen soll. Verhandeln Sie besser über eine »Gehaltsanpassung«. Dieser Begriff zeigt, dass es nicht in erster Linie um eine Verteuerung Ihrer Leistung geht, sondern darum, die Vergütung nachträglich an Ihre verbesserte Leistung anzupassen. Ihr Chef soll mehr zahlen, bekommt dafür aber auch mehr – das ist doch gar kein so schlechtes Geschäft!

Wie oft fragen?

Einmal jährlich nachverhandeln

Wer sich nicht dauerhaft unter seinem Wert verkaufen will, sollte einmal im Jahr über eine Gehaltserhöhung verhandeln. Am besten ist es, Sie warten damit nicht bis zu Ihrem Jahresgespräch, sondern wenden sich mit diesem Wunsch schon einige Wochen vorher an Ihre Chefin oder Ihren Chef. Dann haben die anderen Kollegen vermutlich noch nicht nachgefragt, und Sie können Ihre Forderung zuerst anmelden. Außerdem können Sie dann schon im Vorfeld herausfinden, wie das Jahresgespräch ungefähr verlaufen wird und was Sie bis dahin noch tun können, um Ihre Erfolgsaussichten zu verbessern.

Wenn Sie im Vorjahr bereits eine sehr großzügige Gehaltserhöhung ausgehandelt haben, ist es möglicherweise klü-

In Krisenzeiten
zurückstecken

ger, ein Jahr auszusetzen oder nur eine moderate Anpassung zu fordern.

Sollte Ihr Unternehmen sich in einer akuten Krise befinden, von drastischen Umsatz- und Gewinneinbrüchen heimgesucht werden oder gar um sein Überleben kämpfen, verzichten Sie natürlich auf die Forderung nach mehr Geld. In einer derart brisanten Situation wäre ein solches Verhalten unsolidarisch und egoistisch, und die Geschäftsleitung würde es zu Recht negativ vermerken.

Andererseits wäre es naiv, nur dann mehr Einkommen zu fordern, wenn das Unternehmen von einem Gewinnrekord zum nächsten eilt. Solange das Unternehmen Gewinne erzielt, steht Geld zur Verteilung zur Verfügung. Der Gewinn wurde von den Arbeitnehmern erwirtschaftet – es ist also legitim, nach einem größeren Stück vom Kuchen zu fragen, wenn Sie (mit)gebacken haben.

Wie viel verlangen?

Die Höhe der Forderung je nach Ausgangslage bestimmen

Wie viel Sie konkret verlangen können, hängt von vielen Faktoren ab, etwa davon,

- in welcher Branche und in welchem Tätigkeitsgebiet Sie arbeiten,
- welche Gehälter dort durchschnittlich gezahlt werden,
- wie das Lohngefüge in Ihrem Unternehmen beschaffen ist,
- wie die aktuelle Situation des Unternehmens aussieht,
- wie hoch Ihr Gehalt derzeit ist und
- wie Ihre bisherige Gehaltsentwicklung verlaufen ist.

Diese Informationen sollten Sie bei der Vorbereitung Ihrer Verhandlung in Erfahrung bringen.

Durchschnittsgehälter
ermitteln

Wie hoch die Gehälter für bestimmte Tätigkeiten und in bestimmten Branchen sind, lässt sich leicht herausfinden. In tarifgebundenen Branchen und Unternehmen genügt dazu ein Blick in den Tarifvertrag. Ansonsten empfiehlt sich eine intensivere Internetrecherche.

Die großen Online-Stellenportale wie Stepstone oder Monster bieten entsprechende Zahlen auf ihren Websites. Oder Sie geben die Begriffe »Studie«, »Durchschnittsgehalt« und Ihre Tätigkeit, etwa »Vertriebsingenieur«, in eine Internet-Suchmaschine ein. Die so ermittelten Zahlen sind Durchschnittswerte, die in der Regel in größeren Unternehmen und Städten gelten. In manchen Metropolregionen wie etwa in München oder Frankfurt liegen die Gehälter eher darüber, auf dem Land, in Ostdeutschland und in kleineren Unternehmen bis zu 25 Prozent darunter.

Unternehmens-situation prüfen

Zumindest tendenziell dürfte den meisten Arbeitnehmerinnen und Arbeitnehmern bekannt sein, wie es um die Situation ihres Unternehmens bestellt ist. Genaueren Aufschluss über die Ertrags- und Finanzlage von Kapitalgesellschaften gibt der jährlich zu veröffentlichende Geschäftsbericht. Aktuelle Umsatz- und Absatzstatistiken sind ebenfalls den meisten Beschäftigten zugänglich.

Das eigene Gehalt und seine Entwicklung analysieren

Wer sehr wenig verdient und in den letzten Jahren keine oder keine nennenswerte Gehaltserhöhung erhalten hat, kann bei der nächsten Verhandlung mehr herausholen als jemand, der jedes Jahr einen satten Zuwachs verzeichnen konnte. Wegen eines Prozents Zuschlag oder zwei zu verhandeln, lohnt sich ohnehin nicht und wirkt kleinlich. Wenn Sie sich an eine Gehaltsverhandlung heranwagen, sollten Sie das mit einer Zielvorstellung tun, die den Aufwand rechtfertigt. Zwischen fünf und zehn Prozent Steigerung sind realistisch, mehr gibt es nur in absoluten Ausnahmefällen.

Forderung definieren

Paul W. verdient rund 35 000 Euro im Jahr. Da er seit drei Jahren keine Gehaltserhöhung bekommen, seine Leistungen aber nachweisbar kontinuierlich gesteigert hat, hält er eine Erhöhung um 3 000 Euro im Jahr (das entspricht einem Plus von 8,5 Prozent) für angemessen. Weniger als 2 000 Euro (plus 5,7 Prozent) möchte er nicht akzeptieren. Das ist sein Minimalziel. Damit noch etwas Verhandlungsmasse bleibt, geht er mit einer Maximalforderung von 3 500 Euro in das Gehaltsgespräch.

Konkrete Zahlen nennen

Wichtig ist, in der Gehaltsverhandlung selbstbewusst eine konkrete Zahl zu nennen. Wer im Auftreten und in seinen

Die wichtigsten Verhandlungsthemen

Formulierungen Unsicherheit verrät, macht es dem Arbeitgeber leicht, die Forderung herunterzuhandeln. Ein typischer Fehler sind auch zu vage Aussagen, die der Gegenseite viel Interpretationsspielraum lassen.

Verhandeln bis ins Detail
Jutta B. erinnert sich an ihre erste Gehaltsverhandlung: »Ich hatte gerade meine Ausbildung beendet und übernahm direkt danach als Elternzeitvertretung die Stelle einer Kollegin im Produktmanagement. Ich erhielt aber nur das Gehalt eine Junior-Produktmanagers. Nach einiger Zeit stellte ich fest, dass ich genau die gleiche Arbeit machte, dass meine Kollegen aber einen Bonus in Höhe von 10 000 € jährlich erhielten, der an den Umsatz ihrer Produktgruppen geknüpft war.
Also bat ich meinen Chef ebenfalls um eine Bonusregelung. Er stimmte zu, und ich freute mich – bis ich am Jahresende sah, dass ich nur 2000 € zusätzlich überwiesen bekam. Ich hatte zwar die gleiche Bonusregelung wie meine Kollegen bekommen, mein Chef hatte aber einfach einen niedrigeren Prozentsatz eingetragen. Darüber hatten wir nicht gesprochen. Das war mir eine Lehre: In der nächsten Verhandlung setzte ich den höheren Prozentsatz durch. Trotzdem habe ich zwei Jahre lang die gleiche Arbeit für viel weniger Geld gemacht!

Die richtigen Argumente wählen
Wie ein Verkäufer im Ladengeschäft brauchen Sie für eine Gehaltsverhandlung Argumente, die den verlangten Preis aus Sicht des Käufers, also des Arbeitgebers, rechtfertigen. Viele Arbeitnehmerinnen und Arbeitnehmer machen hier den Fehler, zu sehr von ihrer eigenen Warte aus und zu wenig aus der Sicht des Chefs zu argumentieren.

Auf diese Argumente sollten Sie verzichten	
Wenn Sie sagen ...	... denkt oder sagt Ihr Chef:
»Ich weiß, dass einige Kollegen mehr verdienen als ich.«	»Na und? Die arbeiten auch besser und leisten mehr.«
»Ich habe schon seit x Jahren keine Gehaltserhöhung bekommen.«	»Das hat auch seinen Grund. Außerdem sind wir hier nicht im öffentlichen Dienst, bei dem man sich seine Gehaltserhöhung ›ersitzt‹.«

Auf diese Argumente sollten Sie verzichten (Fortsetzung)	
Wenn Sie sagen ...	**... denkt oder sagt Ihr Chef:**
»Die Lebenshaltungskosten sind so stark gestiegen, und zwei Schulkinder kosten eine Menge Geld. Ich brauche einfach ein höheres Gehalt.«	»Dass Sie nicht mit Ihrem Geld auskommen, ist doch Ihre Privatsache.«
»Ich mache so viele Überstunden. Dafür muss es doch einen Ausgleich geben.«	»Warum soll ich Ihnen mehr bezahlen, nur weil Sie es nicht schaffen, Ihre Arbeit gut zu organisieren und zügig zu erledigen?«
»Wenn Sie mir nicht mehr zahlen, dann kündige ich!«	»Dann tun Sie das doch!«

Die Lohnsteigerung als Ausgleich für eine Leistungssteigerung »verkaufen«

Wer dagegen mit belegbaren Leistungssteigerungen und besonderem Engagement argumentiert, kann seine Gehaltsforderung wesentlich wirkungsvoller untermauern.

Überzeugende Argumente für Gehaltserhöhungen
»Ich habe mein Umsatzziel letztes Jahr nicht nur erreicht, sondern sogar um *fünf Prozent* übertroffen.«
»Ich habe die Ziele zu *120 Prozent* erfüllt.«
»Unter meiner Leitung ist die Fehlerquote in meinem Produktionsabschnitt um *13 Prozent* gesunken.«
»Ich arbeite schon seit *drei Monaten* für die Kollegin in Elternzeit mit und bin auch weiterhin bereit, einen Teil ihrer Arbeit zu übernehmen. Mir dafür entsprechend mehr zu bezahlen, ist erheblich preiswerter, als eine befristete Vertretung einzustellen.«
»Ich habe *zwei* wichtige neue Kunden gewonnen, die uns in den nächsten Jahren Aufträge *in Millionenhöhe* bringen werden.«
»Ich habe die Fortbildung zum *XY* sehr erfolgreich absolviert und dafür auch einige Wochenenden und Urlaubstage eingebracht. Von dieser Zusatzqualifikation hat das Unternehmen profitiert, etwas bei *X* und *Y*.«
»Das für unsere Abteilung so wichtige *Z-Projekt* haben wir nur geschafft, weil ich mich extrem dafür eingesetzt und insgesamt über *150* Überstunden geleistet habe.«

Die wichtigsten Verhandlungsthemen

Auch feste Lohngefüge und Tariflohnvereinbarungen lassen Verhandlungsspielraum.

Manche Unternehmen zahlen grundsätzlich nach Tarif oder einen bestimmten Prozentsatz über Tarif. Andere haben ein Lohngefüge, das genau festlegt, für welche Tätigkeiten und Leistungen es wie viel Gehalt gibt. Dennoch können Sie verhandeln. Tariflöhne gehen schließlich von einer Durchschnittsleistung aus – überdurchschnittliche Leistungen sollten zusätzlich honoriert werden. Und in einem festen Lohngefüge können Sie genau sehen, was Sie tun müssen, um mehr zu bekommen.

Beispiel: Gehaltsverhandlungen

Oliver G. ist Bereichsleiter in einem Betrieb der Lebensmittelbranche. Er erzählt: »Bei mir hat ein junger Mann ohne Schulabschluss als Spüler gearbeitet. Er war fleißig und lernwillig und hat nach ein paar Monaten zusätzlich Hilfstätigkeiten für die Köche übernommen. Als er mit der Bitte um eine Gehaltserhöhung zu mir kam, habe ich sofort zugestimmt. Er konnte die Lohnleiter um zwei Stufen hochsteigen. Neulich kam aber einer meiner Verpacker zu mir und sagte, er bräuchte mehr Geld. Als ich ihn daraufhin fragte, welche Tätigkeiten er zusätzlich übernehmen wolle, sagte er: ›Ich will nichts extra machen. Ich bin doch schon seit zehn Jahren da, da müsste ich doch mal eine Gehaltserhöhung kriegen.‹ Da habe ich Nein gesagt. Für dieselbe Arbeit gibt es eben nur dasselbe Geld.«

Mit Widerstand rechnen

Schnelle Zustimmung ist ein schlechtes Zeichen.

Wer bei seinem Chef mit seiner Gehaltsforderung sofort auf begeisterte Zustimmung trifft, weiß, dass er zu wenig verlangt hat. Der Chef hatte insgeheim mit mehr gerechnet und er hätte auch mehr akzeptiert. Das ist einerseits ärgerlich, andererseits aber auch lehrreich im Hinblick auf die Verhandlung im folgenden Jahr.

Grundsätzlich müssen Sie bei Gehaltsverhandlungen mit einem gewissen Widerstand rechnen. Niemand zahlt freiwillig mehr, als er muss, und viele Arbeitgeber lehnen Forderungen nach einer Gehaltserhöhung erst einmal ab. Wenn der Arbeitgeber Nein sagt, ist das zunächst unangenehm. Es ist aber noch kein Grund, sofort aufzugeben.

Gegenargumente können geschickt genutzt werden, um die eigene Position zu stärken.

Sehen Sie es als Anreiz, jetzt erst richtig in die Verhandlung einzusteigen.

Geschickte Taktiker kontern die Ablehnung ihres Chefs mit eleganten Antworten und nutzen sie, um ihre Position mit weiteren Argumenten zu untermauern.

Gegenargumente Ihres Chefs und wie Sie darauf reagieren

Wenn Ihr Chef sagt ...	... kontern Sie:
»Das können wir uns in der aktuellen wirtschaftlichen Situation nicht leisten.«	»Unser Bereich steht aber doch recht gut da. Ich habe die aktuellen Umsatz- und Deckungsbeitragsstatistiken analysiert, und die zeigen sogar einen Aufwärtstrend an. Daran habe ich auch sehr tatkräftig mitgearbeitet, wie Sie wissen ...«
»Das ist in meinem Budget einfach nicht drin.«	»Ich verstehe natürlich, dass Ihr Budget nur ein bestimmtes Pro-Kopf-Gehalt erlaubt. Aber das sind Durchschnittswerte. Ich habe überdurchschnittlich zum Erfolg unserer Abteilung beigetragen – das rechtfertigt doch auch ein Gehalt, das über dem Durchschnitt liegt.«
»Wir zahlen doch ohnehin schon besser als die Konkurrenz.«	»Wir sind ja auch besser als die Konkurrenz – mehr Leistung sollte sich eben immer auch in mehr Geld niederschlagen.« *Oder:* »Ich habe das Marktniveau in unserer Branche geprüft. In den letzten Jahren ist es deutlich angestiegen, und ich liege heute eher darunter. Das würde ich gern ausgleichen.« (Zu diesem Argument sollten Sie entsprechende Zahlen auf den Tisch legen können.)
»Sie sind ohnehin die am besten bezahlte Mitarbeiterin in der Abteilung.«	»Das freut mich natürlich. Ich sehe das als Bestätigung dafür, dass Sie überdurchschnittliches Engagement und Leistung auch anerkennen. Das werden Sie doch zukünftig sicher auch so halten?«
»Warum sollte ich gerade Ihnen mehr zahlen?«	Vorsicht, eine unfaire Taktik. Lassen Sie sich nicht provozieren! »Das ist natürlich eine berechtigte Frage. Ich habe hier zusammengestellt, welche besonderen Leistungen ich in den letzten zwölf Monaten erbracht habe und warum ich glaube, ein höheres Gehalt tatsächlich zu verdienen: ...«

Die wichtigsten Verhandlungsthemen

Wenn Ihr Chef sagt ...	... kontern Sie:
»Wenn ich Ihnen jetzt mehr gebe, steht morgen die ganze Abteilung vor der Tür und verlangt mehr.«	»Das brauchen Sie nicht zu befürchten: Zum einen, weil ich selbstverständlich Stillschweigen über unser Gespräch bewahren werde, zum anderen, weil mein Fall doch ganz anders gelagert ist als bei etlichen meiner Kollegen.«
»In dieser Situation sollten Sie froh sein, überhaupt einen Arbeitsplatz zu haben!«	Vorsicht, auch hier handelt es sich um eine unfaire Taktik. Lassen Sie sich nicht einschüchtern! »Oh ja, ich arbeite gern hier. Unter anderem deshalb, weil ich immer das Gefühl hatte, dass Leistung hier wirklich zählt und tatsächlich gewürdigt wird. Deshalb meine ich: ...«

Alternativen anbieten und akzeptieren

Es gibt Alternativen zur Bruttolohnerhöhung.

Seien Sie nicht zu sehr auf eine Bruttolohnerhöhung in einem bestimmtem Umfang fixiert. Überlegen Sie schon im Vorfeld, welche Alternativen denkbar und welche davon für Sie im Prinzip gleichwertig sind. Bleibt Ihr Chef bei seinem Nein zur Gehaltserhöhung, legen Sie Ihren zweitbesten Vorschlag auf den Tisch. Oft wird Ihr Gesprächspartner von sich aus andeuten, was er Ihnen eventuell gewähren könnte. Mögliche Alternativen zu einer Bruttolohnerhöhung sind beispielsweise

- ein zusätzlicher erfolgsabhängiger Vergütungsbestandteil wie eine Umsatzbeteiligung, ein Bonus oder eine Prämie,
- das Ausbezahlen von bisher unbezahlten Überstunden,
- steuerfreie Extras wie ein Kindergartenzuschuss oder Benzingutscheine,
- Sachleistungen zur privaten Mitbenutzung wie ein Dienstwagen oder ein Laptop
- oder ein höherer Zuschuss zur betrieblichen Altersversorgung.

Kreative Vorschläge

Oliver G., Bereichsleiter in der Lebensmittelbranche, erzählt von seiner eigenen Gehaltsverhandlung mit dem Inhaber-Unternehmer:

»Ich sollte eine dritte Abteilung übernehmen. Als ich sagte, das würde ich schon machen, aber nur gegen eine entsprechende Gehaltserhöhung, bekam ich die Antwort: ›Das geht nicht, denn sonst würden Sie mehr verdienen als einige Mitglieder der Geschäftsführung.‹ Das konnte ich nachvollziehen. Ich habe dann vorgeschlagen, zukünftig eine Prämie für mich einzuführen, die an die Umsätze meiner Abteilungen geknüpft ist. So wurde es gemacht. Ich bekomme heute genauso viel, wie ich haben wollte, aber einen Teil davon eben als Prämie, damit sich in der Geschäftsführung keiner auf den Schlips getreten fühlt.«

Auch Zeit ist Geld. Wenn Ihr Arbeitgeber sich unnachgiebig zeigt, können Sie vielleicht ein nichtfinanzielles Entgegenkommen aushandeln, etwa

- flexiblere Arbeitszeiten,
- einen Tag in der Woche im Home-Office, damit sparen Sie immerhin Wegezeit und -kosten,
- das Abgelten von angehäuften Überstunden in Form einer längeren Freistellung,
- die Freistellung für eine Weiterbildungsmaßnahme, die Sie auf eigene Kosten machen, weil sie der Arbeitgeber ohnehin nicht bezahlen würde (weil sie keinen direkten Nutzen für ihn hat).

Wer sich derart flexibel zeigt, kann gewöhnlich wenigstens mit einer Ersatzleistung aus der Gehaltsverhandlung gehen. Wenn das trotzdem nicht funktioniert und Ihr Chef sich keinen Euro mehr abhandeln lässt, sollten Sie nachfragen, was Sie konkret tun müssen, um bei der nächsten Runde doch eine Gehaltserhöhung zu bekommen.

Vereinbartes schriftlich festhalten Im letzteren Fall ist es besonders wichtig, die genannten Kriterien schriftlich zusammenzufassen und sich vom Chef gegenzeichnen zu lassen. Dann liegen sie in der nächsten Verhandlungsrunde schwarz auf weiß vor und stützen Ihre Argumentation.

■ Arbeitszeit und Arbeitsbelastung

Nicht nur über Geld, auch über die Arbeitsinhalte müssen Arbeitnehmer und Arbeitgeber verhandeln. Konkret geht es meist um die Arbeitszeit und Arbeitsbelastung sowie um die Zielvereinbarungen.

Arbeitszeit

Lange Arbeitszeiten sind erwünscht.

Grundsätzlich versuchen Arbeitgeber, von ihren Mitarbeitern möglichst viel Leistung zu bekommen. Deswegen sind lange Anwesenheit und eine große Arbeitsbelastung durchaus kalkuliert und erwünscht. Andererseits hat sich in den letzten Jahren zumindest teilweise die Erkenntnis durchgesetzt, dass Produktivität und Arbeitszeit in keinem linearen Verhältnis zueinander stehen. Im Gegenteil, Teilzeitkräfte sind relativ betrachtet meist produktiver als ihre Kollegen, die in Vollzeit (oder mit Überstunden noch darüber) arbeiten.

Der Gesetzgeber hat zudem mit dem Teilzeit- und Befristungsgesetz (TzBfG) eine rechtliche Grundlage dafür geschaffen, dass Arbeitnehmerinnen und Arbeitnehmer – auch diejenigen, die leitende Positionen innehaben – Teilzeitarbeitsverträge einfordern und durchsetzen können.

Aussage eines Bereichsleiters (320 Mitarbeiter): »Ich bin immer offen für den Wunsch nach Teilzeit. Ich sehe vor allem bei den Frauen, wie produktiv die sind. Von einer Frau mit 40 Prozent Arbeitszeit und Gehalt bekomme ich 60 Prozent Leistung.«

Neben einer Verringerung der Arbeitszeit gibt es weitere für Arbeitnehmerinnen und Arbeitnehmer erstrebenswerte Abweichungen vom normalen Vollzeitmodell. Denkbar sind beispielsweise eine Vier-Tage-Woche mit jeweils zehn Stunden Arbeitszeit, flexible Jahresarbeitszeitsysteme oder die Verlagerung eines Teils der Arbeitszeit ins heimische Büro. Im Prinzip sind viele Arbeitszeitmodelle rechtlich und praktisch umsetzbar.

Dennoch wird so mancher Arbeitgeber zunächst nicht begeistert sein, wenn er mit dem Wunsch nach einer entsprechenden Änderung konfrontiert wird. Denn zunächst bedeutet eine solche Umgestaltung einen organisatorischen Mehraufwand und ein gewisses Risiko – was, wenn es doch nicht so gut klappt, mehr Fehler entstehen oder die Arbeit nicht mehr erledigt wird?

Immer die Lösung
zum Vorschlag
präsentieren

Wenn Sie einen fertigen Vorschlag präsentieren können, steigt die Wahrscheinlichkeit, dass Ihr Vorgesetzter ihn akzeptiert. Sollten Sie sich Teilzeitarbeit wünschen, können Sie auch auf das Gesetz verweisen – aber erst, wenn Sie auf Widerstand stoßen. Besser ist es, wenn Sie ihm das gewünschte Teilzeitmodell mit anderen Argumenten schmackhaft machen können, etwa mit der damit verbundenen Lohnkostensenkung, einer Ausweitung der Büro- bzw. Fertigungszeiten oder einem Produktivitätsgewinn.

Arbeitsbelastung bzw. -überlastung

Sehr viele Arbeitnehmerinnen und Arbeitnehmer klagen über eine hohe und immer noch steigende Arbeitsbelastung. Das mag manchem paradox erscheinen, der meint, bei einer konstant hohen Arbeitslosigkeit sei eben zu wenig Arbeit für alle da. Die Realität aber zeigt, dass es mehr als genug Arbeit gibt – nur Arbeitsplätze eben nicht. Denn Arbeitsplätze bedeuten Kosten für die Arbeitgeber, und diese Kosten sollen und müssen gering gehalten werden.

Eine gewisse Überlastung ist heute normal.

Selbst Teilzeitkräfte, die laut Vertrag nur 50 Prozent der normalen Arbeitszeit zu leisten brauchen, müssen oft 75 Prozent der Leistung einer Vollzeitkraft bringen. Deswegen gilt heute: Wer Arbeit hat, hat immer mehr Arbeit. Und das wird sich auch nicht ändern.

Trotzdem gibt es Grenzen. Da ist zum einen das Arbeitszeitgesetz, das nicht mehr als zehn Stunden je Arbeitnehmer und Werktag erlaubt, die außerdem binnen eines halben Jahres auf einen Durchschnitt von acht Stunden je Werktag ausgeglichen werden müssen. Zum anderen sind Menschen nur begrenzt belastbar. Wenn sie dauerhaft über diese Grenzen hinaus arbeiten, drohen chronische Erschöpfung, Krankheiten und Burn-out.

Wie aber sagen Sie das Ihrem Arbeitgeber, ohne als Minderleister abgestempelt zu werden? Was tun Sie, wenn Sie schon jetzt kaum mit Ihrer Arbeit fertig werden und Ihr Chef Ihnen ein weiteres Projekt übertragen will?

Möglich sind folgende Strategien:

- Sie können belegen, dass ein Kollege deutlich weniger zu tun hat und deswegen einen Teil Ihrer Arbeit bzw. das neue Projekt übernehmen könnte.
- Sie können begründen, dass Ihnen für das Projekt oder für einen Teil Ihrer Arbeit benötigte Qualifikationen fehlen. Aber Vorsicht: Wenn diese Argumentation nicht auf Sie zurückfallen soll, müssen Sie von sich aus anbieten, diese Qualifikationen zu erwerben.
- Sie können darlegen, dass die Arbeitsmenge nicht zu schaffen ist, und um Prioritäten bitten: Welchen Teil Ihrer Arbeit können Sie im Fall des Falles vernachlässigen oder delegieren?
- Sie erarbeiten einen Vorschlag, wie die Abläufe in Ihrer Abteilung gestrafft und vereinfacht und dadurch die Arbeitszeit effizienter genutzt werden könnte.

Verhandlungen wegen Arbeitsüberlastung sind sehr heikel. Schnell kann der Verdacht entstehen, der Arbeitnehmer sei nicht sehr belastbar. Treten Sie allem entgegen, was diesem Verdacht Vorschub leistet, und argumentieren Sie besonders sachlich und konstruktiv.

■ Arbeitsinhalte und Karriere

Nur wer die vereinbarten Ziele an seinem Arbeitsplatz erreicht oder übertrifft, wird Karriere machen. Deswegen haben die Zielvereinbarungsgespräche große Bedeutung für die weitere berufliche Entwicklung von Arbeitnehmerinnen und Arbeitnehmern.

Zielvereinbarungsgespräche

Jährliche Zielvereinbarungsgespräche sind in vielen Unternehmen üblich. Meist erfolgen sie nach einem bestimmten Schema. Das erleichtert Ihnen die Vorbereitung:

Checkliste »Vorbereitung eines Zielvereinbarungsgesprächs«

☐ Haben Sie die Ziele des letzten Jahres erreicht?

☐ Haben Sie sie im vorgegebenen Rahmen (Zeit, Budget) erreicht?

☐ Wenn Sie die Ziele nicht erreicht haben: Hat das Gründe, die objektiv nicht von Ihnen zu verantworten waren?

☐ Waren die Ziele unrealistisch?

☐ Hat es Änderungen bei den Zielen im Verlauf des Jahres gegeben?

☐ Wurden diese Änderungen rechtzeitig angesprochen und vereinbart?

☐ Haben Sie Ihren Vorgesetzten unaufgefordert auf dem Laufenden gehalten?

☐ Haben Sie selbst Ziele für das nächste Jahr?

☐ Sind diese anspruchsvoll, aber realistisch?

☐ Entsprachen die letztjährigen Ziele Ihren Interessen und Entwicklungserwartungen?

☐ Waren Sie in deren Erarbeitung ausreichend einbezogen?

☐ Verstehen Sie, inwieweit Ihre Ziele dazu beigetragen haben bzw. dazu beitragen werden, die Ziele der übergeordneten Organisationseinheit zu erreichen?

☐ War und ist Ihnen klar, welche Ziele welche Prioritäten haben?

☐ Sind Sie mit den vorgeschlagenen Zielen einverstanden?

☐ Haben Sie Änderungsvorschläge? Welche?

☐ Verfügen Sie über die Fähigkeiten und Ressourcen, um diese Ziele zu erreichen, oder gibt es etwas, das Sie dazu zusätzlich benötigen?

Nicht Vergangenes beklagen, sondern Zukünftiges gestalten

Sie sollten in Zielvereinbarungsgesprächen konstruktiv argumentieren. Es macht keinen guten Eindruck, wenn Sie ausgiebig beklagen, dass und warum die Ziele des Vorjahres nicht zu erreichen waren – auch wenn das oft tatsächlich der Fall ist. In manchen Unternehmen werden Ziele nur laut dem offiziellen Sprachgebrauch vereinbart, in Wirklichkeit aber dem Arbeitnehmer eher »übergestülpt«. Natürlich sollten Sie darlegen, ob und weshalb bestimmte Ziele objektiv nicht erreichbar waren. Vor allem aber sollten Sie konstruktive Vorschläge für die aktuelle Vereinbarung machen und an der Erarbeitung von Zielen mitwirken, die Ihrer Meinung nach sinnvoll und angemessen sind. In der Regel können Arbeitnehmerinnen und Arbeitnehmer dabei auf die qualitativen, »weichen« Ziele mehr Einfluss nehmen als auf die quantitativen, »harten« Umsatz- oder Kostenziele.

■ Weiterbildung

Der Weiterbildungsbedarf verändert sich im Laufe des Berufslebens.

Berufliche Weiterentwicklung und hierarchischer Aufstieg sind eng mit Weiterbildung verzahnt. Berufseinsteiger haben oft ein sehr gutes und aktuelles (theoretisches) Fachwissen, verfügen aber noch nicht über die Erfahrung und die sogenannten Soft Skills, um ihr Wissen und ihr Können bestmöglich nutzen zu können.

Zu Beginn der beruflichen Entwicklung werden daher oft »weiche« Weiterbildungen wie das Training rhetorischer, kommunikativer und konfliktlösender Fähigkeiten benötigt. Im Laufe der Jahre muss dann veraltetes Fachwissen aktualisiert oder neues erworben werden, etwa durch IT- oder Sprachkurse. Wer in eine Führungsposition aufsteigen will, braucht zusätzlich Managementwissen und Führungstrainings.

Die meisten Unternehmen haben Weiterbildungsbudgets.

Die meisten Unternehmen haben inzwischen erkannt, dass Weiterbildung notwendig ist, um die Mitarbeiterqualifikation zu erhalten oder zu steigern, und planen entsprechende Budgets ein. Grundsätzlich ist es für Mitarbeiter also nicht schwer, einen Kurs oder ein Seminar bezahlt zu bekommen. Allerdings stellt sich die Frage, welche Weiterbildung sinnvoll ist.

Den Weiterbildungsbedarf identifizieren

Manche Führungskräfte verteilen das Weiterbildungsbudget einfach pro Kopf, sodass die einzelnen Mitarbeiter beispielsweise zwei Weiterbildungstage pro Jahr in Anspruch nehmen dürfen. In diesen Fällen kann sich meist jeder aussuchen, was ihn interessiert, solange es im finanziellen Rahmen bleibt.

Diese Vorgehensweise stellt zwar aus Sicht des Unternehmens eine Ressourcenverschwendung dar, ist aber für die Arbeitnehmerinnen und Arbeitnehmer (und auch für die Vorgesetzten) bequem. Schwierig ist dann nach 20 Jahren allenfalls, ein Thema zu finden, das man noch nicht gebucht hat.

Viele Unternehmen und auch Führungskräfte gehen aber weniger großzügig mit dem Weiterbildungsbudget um. Sie geben nur dann grünes Licht für eine Maßnahme, wenn sie von deren Nutzen überzeugt sind.

Aussage eines Bereichsleiters (120 Mitarbeiter): »Manches, was da in Sachen Weiterbildung gewünscht wird, ist schon sehr nah am Hobby.«

Fortbildung – wie Arbeitgeber entscheiden

Marianne A. leitet eine Marketingabteilung mit fünf Mitarbeitern: »Meine Sekretärin habe ich von meinem Vorgänger übernommen. Sie ist tüchtig, beherrscht alle Office-Programme perfekt und ist sehr kommunikationsstark.

Sie besucht aber sehr gern Persönlichkeitsseminare. Zuletzt wollte sie eines zum Thema »Durchsetzungsfähigkeit« buchen, das an einem Donnerstag und Freitag in einem sehr schönen Seminarhotel mit Wellness-Bereich stattfinden sollte. Die Möglichkeit zur günstigen Verlängerung des Aufenthalts war im Seminarprospekt gleich mit angegeben. Ich fand das näher am Incentive als an einer sinnvollen Weiterbildung.

Ihre Begründung für die Notwendigkeit des Seminars war, dass sie sich den Kollegen in der Abteilung und auch mir gegenüber besser behaupten wolle, weil sie oft zu kurz käme. Ich habe ihr erklärt, dass ich sie für ausgesprochen durchsetzungsfähig hielte und überzeugt sei, dass sie das nicht weiter zu trainieren brauche. Dieses Seminar habe ich jedenfalls nicht genehmigt.«

Es gibt viele interessante Themen und ein überaus breites Angebot auf dem Weiterbildungsmarkt. Menschlich ist es

Die wichtigsten Verhandlungsthemen

Aussage einer Abteilungsleiterin (30 Mitarbeiter): »Es ist oft gar nicht so einfach, das, was die Leute wollen, mit dem unter einen Hut zu bringen, was sie meiner Meinung nach brauchen.«

verständlich, wenn Arbeitnehmerinnen und Arbeitnehmer Kurse und Seminare buchen möchten, die sich mit ihren persönlichen Interessen decken.

Im Hinblick auf eine entsprechende Verhandlung mit dem Arbeitgeber und auch auf die weitere Karriere ist es jedoch klüger, solche Themen und Angebote auszuwählen, deren Nutzen für den Chef erkennbar ist.

Viele Vorgesetzte geben ohnehin mehr oder weniger deutlich zu erkennen, woran es ihrer Meinung nach mangelt und welche Weiterbildungsmaßnahme angemessen wäre. Solche Hinweise sollten Sie ernst nehmen.

Berufliche Weiterbildung kann sich nicht vorrangig an den Privatinteressen der Mitarbeiter orientieren, sondern muss am Nutzen für den Arbeitgeber ausgerichtet sein. Immerhin bezahlt er dafür. Oft wird das, was dem Chef und damit dem Unternehmen nutzt, auch Ihnen nutzen:

Wissenslücken sollten Sie stopfen – Mehrwissen kann zum Karrieresprungbrett werden.

Karriere durch Bereitschaft

Siegfried Sch. verkauft Fertighäuser in ökologischer Bauweise: »In den letzten Jahren haben wir aufgrund einer strategischen Kooperation verstärkt Anfragen von Privatkunden aus England bekommen. Das war ein echtes Problem für die Kolleginnen aus der Telefonzentrale. Sie selbst sprachen kaum Englisch, und von den Verkäufern eigentlich auch niemand wirklich gut. Die meisten meiner Kollegen weigerten sich strikt, überhaupt ein englisches Gespräch anzunehmen. Das habe ich dann gemacht. Man kann schließlich keine Kunden abweisen, nur weil niemand sich traut, mit ihnen zu reden. Am Anfang ging es eher schlecht als recht, aber dann habe ich einen dreitägigen Crashkurs bei der IHK gemacht, mir ein Fachwörterbuch angeschafft und mich privat zu einem Konversationskurs an der Volkshochschule angemeldet. Mit jedem Gespräch wurde es besser, auch wenn ich immer noch viele Fehler machte.

Die Kunden waren aber sehr nett und haben sich meistens gefreut, dass überhaupt jemand englisch mit ihnen sprechen konnte. Das hat mir erst ein paar schöne Aufträge mit guten Provisionen gebracht und nach einem Jahr sogar die Leitung des Regionalbereichs England. Meine Karriere verdanke ich also zumindest teilweise meiner Bereitschaft, englisch zu lernen – und natürlich der Lernunlust meiner Kollegen.«

Die gewünschte Weiterbildung bekommen

Bevor Sie die eigentliche Verhandlung vorbereiten, sollten Sie versuchen, zu verstehen, nach welchen Kriterien Ihr Vorgesetzter sein Weiterbildungsbudget verteilt. Wenn er nicht nach dem Gießkannenprinzip (zwei Tage für jeden Mitarbeiter im Jahr), sondern strikt nutzenorientiert entscheidet, wer welche Veranstaltung besuchen darf, müssen Sie entsprechend argumentieren können.

Drei Schritte zur Weiterbildung Ihrer Wahl

Schritt 1

Prüfen Sie die »offiziellen« Ziele aus Ihrem Zielvereinbarungsgespräch und die beruflichen Ziele, die Sie sich selbst gesetzt haben:

- Fühlen Sie sich in erfolgswichtigen Themenbereichen weniger sattelfest, als Sie es sein sollten?
- Gibt es Ziele, die zu erreichen Ihnen besonders schwerfällt?
- Liegt das daran, dass Sie bestimmte Fähigkeiten nicht haben oder Ihnen spezifisches Wissen fehlt?
- Könnten Sie diese Lücken mittels einer Weiterbildung schließen?

Schritt 2

Recherchieren Sie, welche Angebote zu diesen Themen auf dem Markt sind:

- Wie unterscheiden sich die Maßnahmen inhaltlich, methodisch und preislich?
- Welches Angebot würde das, was Sie Ihrer Meinung nach an Wissen und Können erwerben müssen, am besten bieten,
- und zwar aus welchen Gründen?

Drei Schritte zur Weiterbildung Ihrer Wahl (Fortsetzung)

Schritt 3

Vereinbaren Sie einen Termin mit Ihrem Vorgesetzten.
Erklären Sie ihm,

- welche Defizite Sie bei sich sehen,
- warum Ihnen deren Behebung bei der weiteren Zielerreichung und Arbeitsleistung helfen würde
- und welches Weiterbildungsangebot Sie dazu
- aus welchen Gründen

für am besten geeignet halten.

Nicht aufgeben, wenn der Arbeitgeber Nein sagt

Manchmal wird der Vorgesetzte einen Weiterbildungs-
wunsch trotz bester Argumente ablehnen, etwa weil das
Budget bereits ausgeschöpft ist oder weil die Firmenpoli-
tik bestimmten Mitarbeitgruppen generell keine Weiterbildung genehmigt. Das trifft leider besonders oft ältere
Arbeitnehmer und Arbeitnehmerinnen.
Wenn Sie dennoch davon überzeugt sind, diese spezielle
Weiterbildung zu benötigen, vielleicht auch, um so Ihre
zukünftigen Beschäftigungschancen zu erhalten oder zu
verbessern, sollten Sie darüber nachdenken, die Maßnahme auf eigene Kosten zu buchen.
Verhandeln können Sie dann trotzdem: Versuchen Sie, von
Ihrem Vorgesetzten wenigstens eine bezahlte Freistellung
für den Besuch des Kurses oder Seminars zu erhalten.
Diese wird erfahrungsgemäß häufig gewährt, weil sie offiziell nicht als Kostenposition erscheint.

Kündigung

Selbst wenn sich das Arbeitsverhältnis seinem Ende nähert, gibt es noch Anlass zu Verhandlungen mit dem Arbeitgeber.

Kündigung durch den Arbeitnehmer

Geht die Kündigung von der Arbeitnehmerseite aus, verhandeln die Parteien am ehesten über die Kündigungsfrist und die restlichen Urlaubstage.

Kompromiss als Lösung

Ulrike M. arbeitete als Fachverkäuferin in einem kleineren Einzelhandelsgeschäft. Als in der Nähe ein Fachmarkt eröffnet werden sollte, bewarb sie sich als Filialleiterin. Sie bekam die Stelle, sollte aber pünktlich zur Eröffnung des neuen Marktes am 1. Oktober anfangen. Sie erhielt den neuen Vertrag am 2. September und kündigte am Folgetag ihre alte Stelle. Ihre Chefin war zunächst wenig erfreut über die plötzliche Nachricht und verwies auf den Arbeitsvertrag, in dem für beide Seiten eine Kündigungsfrist von sechs Wochen vorgesehen war. Eigentlich hätte Ulrike M. also frühestens Mitte Oktober in ihre neue Führungsposition wechseln können. Ulrike M. bot an, ihre restlichen Urlaubstage einzubringen und auf die Auszahlung ihrer Überstunden zu verzichten. Letztlich ließ die Chefin sie rechtzeitig ziehen: »Es hat ja keinen Sinn, Sie gegen Ihren Willen hierzubehalten«, sagte sie.

Die meisten Arbeitgeber verfahren nach dem Motto: »Reisende soll man nicht aufhalten«.

Dieser Fall ist gar nicht so selten, da einerseits häufig vergleichsweise lange Kündigungsfristen vereinbart werden, andererseits Stellen immer wieder sehr kurzfristig zu besetzen sind. Rein rechtlich könnte der Arbeitgeber auf der Erfüllung der vertraglichen Pflichten bestehen und damit verlangen, dass der Arbeitnehmer bis zum letzten Tag seiner offiziellen Kündigungsfrist arbeitet. Allerdings ist den meisten Arbeitgebern durchaus bewusst, dass ein unmotivierter Arbeitnehmer, der innerlich und formal bereits gekündigt hat, kein Gewinn mehr für das Unternehmen ist. So gehen Sie vor, wenn Sie Ihre neue Stelle vor dem Auslaufen der Kündigungsfrist antreten müssen:

- Informieren Sie Ihren Vorgesetzten, sobald Sie den neuen Vertrag in der Hand haben und wissen, dass es eine Überschneidung geben wird.
- Sprechen Sie offen an, dass Ihnen bewusst ist, dass das Vorgehen rechtlich nicht ganz einwandfrei ist, es sich aber nicht anders machen ließ und Sie um das Entgegenkommen Ihres Noch-Arbeitgebers bitten.
- Sollte Ihr Arbeitgeber sich unnachgiebig zeigen, versuchen Sie, die sich überschneidenden Tage mit Urlaubstagen oder Überstunden auszugleichen. Übrige Urlaubstage müsste Ihr Arbeitgeber Ihnen auszahlen. Wenn Sie auf diesen Anspruch verzichten, zeigt er sich vielleicht entgegenkommender.
- Drohen Sie auf keinen Fall damit, sich krank zu melden, wenn er Sie nicht rechtzeitig ziehen lässt. Damit riskieren Sie eine fristlose Kündigung, die in Ihrem zukünftigen Lebenslauf nicht sehr gut aussehen wird.

Parallel für die Konkurrenz zu arbeiten, ist verboten.

Vorsicht: Treten Sie Ihre neue Stelle bei einem Konkurrenzunternehmen Ihres Noch-Arbeitgebers an, während Ihr alter Vertrag noch läuft, verstoßen Sie gegen das Konkurrenzverbot. Ihr früherer Arbeitgeber kann dann eine einstweilige Verfügung gegen Sie erwirken, die Ihnen die Tätigkeit für das neue Unternehmen untersagt, solange Ihr Arbeitsvertrag beim alten formal noch besteht.

Das wäre gewiss nicht der beste Einstand in Ihrem neuen Unternehmen. Lassen Sie sich im Zweifelsfall rechtlich beraten.

Kündigung durch den Arbeitgeber

Wer im Rahmen einer größeren Entlassungswelle die Kündigung seines Arbeitsvertrages erhält, hat meist keine oder nur sehr geringe Möglichkeiten zu individuellen Verhandlungen. In solchen Fällen gibt es einen Sozialplan, der die Details regelt. Anders sieht es aus, wenn einzelne Verträge gekündigt werden.

Bei Individualkündigungen besteht Verhandlungsspielraum.

Dann stehen Verhandlungen über die Höhe einer eventuellen Abfindung, über den »offiziellen« Kündigungstermin und eine eventuelle Freistellung von der Arbeit an.

Die Höhe der Abfindung aushandeln

Anders als viele Arbeitnehmerinnen und Arbeitnehmer glauben, besteht grundsätzlich kein Anspruch auf eine Abfindung, wenn der Arbeitsvertrag durch den Arbeitgeber gekündigt wird. Eine Abfindung ist rechtlich nur für zwei Fallkonstellationen vorgesehen:

1) Nach einer Kündigung wird im Rahmen eines Kündigungsschutzprozesses vom Gericht festgestellt, dass die Kündigung nicht gerechtfertigt war. Dann besteht das Arbeitsverhältnis eigentlich noch weiter. Ist dem Arbeitnehmer eine Weiterbeschäftigung nicht zumutbar (etwa weil die Streitigkeiten vor Gericht so heftig waren), endet das Arbeitsverhältnis trotzdem. Als Ausgleich dafür gibt es die Abfindung.

2) Der Arbeitgeber kündigt aus betriebsbedingten Gründen und bietet ausdrücklich an, eine Abfindung in Höhe eines halben Monatsgehalts je Beschäftigungsjahr zu zahlen, wenn der Arbeitnehmer im Gegenzug darauf verzichtet, eine Kündigungsschutzklage zu erheben. (§ 1 a Kündigungsschutzgesetz)

Je dünner die Rechtsgrundlage, desto dicker die Abfindung

Das heißt aber nicht, dass Sie in anders gelagerten Fällen keine Abfindung heraushandeln können oder dass ein halbes Gehalt je Beschäftigungsjahr das Maximum ist. Praktisch gilt: Je wackeliger die Kündigung aus rechtlicher Sicht ist, desto höher ist die Abfindung, die Sie erzielen können.

Beispiel Abfindungsverhandlung

Angela R.: »Während ich in Elternzeit war, stellte mein früheres Unternehmen einen neuen Geschäftsführer ein, der als Kostenkiller geholt wurde. In der Folgezeit wurde den meisten bisherigen Kollegen die Kündigung nahegelegt und als Ersatz kamen jüngere und billigere Kräfte. Ich wusste daher ganz genau, dass ich auch zu teuer und meine Rückkehr an den Arbeitsplatz nicht erwünscht war. Ich wollte unter diesen Bedingungen ohnehin nicht mehr dort arbeiten. So verlief mein Rückkehrgespräch:

Angela R.: ›In drei Monaten läuft meine Elternzeit ab, und ich freue mich schon sehr darauf, endlich wieder zu arbeiten. Ich liebe meine Arbeit und bin schon gespannt auf die neuen Kollegen.‹

Chef: ›Tja, wir haben ziemlich viel umstrukturiert, und Ihre Stelle gibt es so gar nicht mehr. Leider können wir Ihnen keinen adäquaten Arbeitsplatz anbieten.‹

Angela R.: ›Das tut mir aber leid. Ich würde sehr gern wieder hier arbeiten, aber wenn Sie mich nicht mehr haben wollen, ist das natürlich nicht sehr motivierend für mich. Was machen wir denn da?‹

Chef: ›Wenn wir das Arbeitsverhältnis auflösen, können wir Sie dafür entschädigen. Ich wäre bereit, Ihnen eine Abfindung von x Euro zu zahlen.‹

Angela R.: ›Oh, aber das ist ja nur die gesetzliche Abfindung, die mir ohnehin zustehen würde. Vielleicht könnte ich doch eine ähnliche Stelle wieder übernehmen?‹

Chef: ›Ich könnte die Summe noch ein wenig aufrunden ...‹ Am Ende erhielt ich eine Abfindung, die 20 Prozent über der zuerst genannten Summe lag.«

Eine solche Verhandlung sollten Sie aber nicht führen, ohne sich vorher ausführlich rechtlich beraten zu lassen. Ihr Arbeitgeber bezahlt schließlich auch Juristen, die ihm beistehen. Suchen Sie dazu am besten einen Fachanwalt für Arbeitsrecht auf. Ein erfahrener Anwalt kann mit einer geschickten Verhandlungsstrategie die Abfindung deutlich in die Höhe treiben.

Den Kündigungstermin beeinflussen

Spricht der Arbeitgeber eine Kündigung aus, will das Unternehmen sich meist möglichst schnell vom Arbeitnehmer trennen. Dieser hat wiederum ein Interesse daran, die sich vermutlich anschließende Phase der Arbeitslosigkeit, die eine Lücke in seinem Lebenslauf darstellt, möglichst kurz zu halten. Formal sind die Kündigungsfristen im Arbeitsvertrag geregelt. Praktisch aber lassen sich oft längere Fristen aushandeln.

Ähnlich wie bei der Abfindung hängt es vor allem von der rechtlichen Situation ab, welcher Kündigungstermin am Ende festgelegt wird. Bei Fach- und Führungskräften ist

Kündigungsfristen lassen sich auch über die im Arbeitsvertrag genannten Termine hinaus verlängern.

zudem eine Freistellung von der Arbeit für die restliche Gültigkeitsdauer des Arbeitsvertrags üblich. Das heißt: Der Arbeitsvertrag läuft offiziell bis zu einem bestimmten Datum. Der Arbeitnehmer gilt bis dahin als beschäftigt und erhält weiterhin sein Gehalt, muss aber nicht zur Arbeit erscheinen. Das verschafft ihm Zeit, sich eine neue Stelle zu suchen und ohne größere Leerstelle im Lebenslauf anzutreten.

Beispiel: Verhandlung um den Kündigungstermin

Dieter P.: »Ich war etwa ein Jahr als Gruppenleiter in einem Weiterbildungsunternehmen beschäftigt. Mein direkter Vorgesetzter war persönlich ziemlich unmöglich, und es gab öfter Streit. Nach einem Jahr wurde das Unternehmen wieder mal umstrukturiert und meine Gruppe mit einer anderen zusammengelegt. Meine Stelle wurde dadurch überflüssig, und ich wurde zum Kündigungsgespräch gebeten. Das war Ende März. Zum 30. April sollte ich das Unternehmen verlassen. Ich wies darauf hin, dass ich gern bereit sei, als normale Fachkraft im Team mitzuarbeiten und dass für das Team sogar weitere Mitarbeiter gesucht würden. Eine betriebsbedingte Kündigung sei deswegen aus rechtlicher Sicht kaum durchsetzbar. Das wusste mein Chef natürlich auch. ›Was wollen Sie wirklich?‹, fragte er. ›Die Kündigung erst zum 31. Juli und bis dahin eine Freistellung unter Fortzahlung meines Gehalts, damit ich in Ruhe eine neue Stelle suchen kann‹, sagte ich. Schließlich einigten wir uns auf den 30. Juni als offiziellen Austrittstermin. So hatte ich drei Monate, in denen ich die Kündigung verarbeiten und mich bewerben konnte.«

Eine solche Vertragsverlängerung nebst Freistellung kann auch zusätzlich zu einer Abfindung ausgehandelt werden. Eine anwaltliche Beratung ist hier ebenfalls zu empfehlen.

Mit dem Duden erkennen Sie jeden Fehler. Und Ihr PC auch.

Die Duden Rechtschreibprüfung für Microsoft Office und Works. Mit elektronischem Nachschlagewerk „Duden – Die deutsche Rechtschreibung".

- Rechtschreibprüfung
- Grammatikprüfung
- Worttrennung
- Konsistente Schreibung durch fünf Prüfstile
- Benutzer-, Ausnahme- und Trennwörterbücher
- Mit Dudenempfehlungen für Zweifelsfälle
- Einfach zu installieren, sofort anzuwenden

1 CD-ROM für Windows

Auch für viele andere Anwendungen!

www.duden-korrektor.de

Korrigieren Digital

DUDEN

Korrektor

Die Duden-Rechtschreibprüfung für Microsoft Office und Works

CD-ROM für Windows